中等职业教育旅游大类专业
课程改革配套教材编写委员会

主　　任：朱永祥
副 主 任：程江平　崔　陵
委　　员：洪彬彬　钱文君　夏向荣　鲍加农
　　　　　吕永城　孙坚东　朱孝平　马雪梅
　　　　　林建仁　何　山　郑海涌
主　　编：张建国
执 行 主 编：洪晓勇
执行副主编：赵琳琪　杜伟川
编　　者：洪晓勇　张建国　赵琳琪　杜伟川
　　　　　黄孙溪　陈尚平　李　银

基础厨房

第 ② 版

北京师范大学出版集团
BEIJING NORMAL UNIVERSITY PUBLISHING GROUP
北京师范大学出版社

图书在版编目（CIP）数据

基础厨房 / 洪晓勇 执行主编 . —2 版 . —北京：北京师范大学出版社，
2021.11（2024.7 重印）

ISBN 978-7-303-27007-1

Ⅰ . ①基… Ⅱ . ①洪… Ⅲ . ①厨房 – 管理 – 中等专业学校 –
教材 Ⅳ . ① TS972.35

中国版本图书馆 CIP 数据核字（2021）第 101894 号

教材意见反馈 gaozhifk@bnupg.com 010–58805079
营销中心电话 010–58802755 58800035
编 辑 部 电 话 010–58807363

JICHU CHUFANG

出版发行：北京师范大学出版社 www.bnupg.com
北京市西城区新街口外大街 12–3 号
邮政编码：100088
印 刷：天津旭非印刷有限公司
经 销：全国新华书店
开 本：889 mm × 1194 mm 1/16
印 张：8.5
字 数：221 千字
版 次：2021 年 11 月第 2 版
印 次：2024 年 7 月第 17 次印刷
定 价：28.80 元

策划编辑：姚贵平 责任编辑：欧阳美玲
美术编辑：焦 丽 装帧设计：焦 丽
责任校对：陈 荟 责任印制：马 洁 赵 龙

前　言

　　本书是中等职业学校烹饪专业核心课程的教学用书，教材的编写突出以高技能人才培养为核心，坚持为党育人、为国育才，以行业企业需求为基础，以提高学生职业能力为导向。党的二十大报告指出，必须坚持科技是第一生产力、人才是第一资源、创新是第一动力，坚持尊重劳动、尊重知识、尊重人才、尊重创造，加快建设国家战略人才力量，努力培养造就更多大师、战略科学家、一流科技领军人才和创新团队、青年科技人才、卓越工程师、大国工匠、高技能人才。按照党的二十大提出的努力培养造就高技能人才的要求，本教材在体系、框架结构和呈现形式等方面进行了创新，使之符合新时代中等职业学校学生的学习实际和发展需求。

　　本书以项目和任务为引领，共设计五个项目，每个项目由若干任务组成，并在每个任务中设计了任务要求、案例导入、知识链接、实战演练、任务收获等栏目，形式新颖。在编写过程中坚持以提高学生的核心技能为导向，突出创新性、实用性和可操作性，注重学生的自主性和参与性，力求体现以下特点。

　　1. 基础性

　　作为烹饪专业核心课程的教学用书，本书的内容主要反映现代厨房的规范化和系统性，遵循烹饪专业的规律和特点，帮助学生掌握现代厨房的基础知识。

　　2. 行业性

　　本书吸收了现代餐饮业实践和研究的最新成果，紧跟行业发展的态势，做到了与行业接轨，与市场接轨。

　　3. 活动性

　　教学过程的安排注重"教"与"学"的互动。学生在活动中学、在"做中学"，注重培养学生的综合职业能力。

4.实践性

本书以介绍基本规范、强化训练为主。学生通过训练掌握各种烹饪基础技能，理论联系实际，充分体现学生的参与性，突出实践性特点。

本书既可供中等职业学校烹饪专业的学生使用，也可作为厨房员工培训及相关人士学习的参考用书，学时建议为36学时，具体学时分配如下表（供参考）。

项　目	课程内容	建议学时
一	厨师标准	5
二	厨房设备	7
三	厨房运作	7
四	厨房"5S"管理	6
五	厨房安全	7
六	机　动	4

本书由张建国任主编，洪晓勇任执行主编，赵琳琪、杜伟川任执行副主编。洪晓勇、张建国、赵琳琪、杜伟川负责本书的统稿和修改，洪晓勇、赵琳琪、杜伟川、陈尚平、黄孙溪、李银负责本书具体内容的编写。具体分工如下：洪晓勇编写项目一、项目三任务四和任务六；黄孙溪编写项目二；李银编写项目三任务一和任务二；陈尚平编写项目三任务三和任务五；赵琳琪编写项目四；杜伟川编写项目五。

本书在编写过程中，参阅了大量专家、学者发表的相关文献，得到了宁波市甬江职业高级中学、余姚技师学院、温州华侨职业中等专业学校的帮助与支持，在此一并表示诚挚的谢意。

由于编者的水平和时间有限，书中难免存在不足之处，敬请专家和广大读者批评指正，以便我们再版时修订、完善。

编者

目 录
contents

项目一
厨师标准

✛ 项目介绍

　　社会经济和餐饮行业的迅猛发展，对厨师的专业知识、技能水平和个人素质提出了新的要求。现代厨师需要具备丰富的专业知识、熟练的专业技能以及较强的沟通和应变能力。

✛ 学习目标

1. 了解厨师的概念，对厨师职业有初步的了解。
2. 熟悉厨师的职业道德标准，形成良好的职业道德规范。
3. 熟悉厨师职业能力标准，了解中式烹调师技能等级的划分与条件。
4. 熟悉厨师仪容仪表要求。

项目实施

任务一　认识厨师

任务要求

了解厨师的概念，对厨师职业有初步的了解。

案例导入

　　小王从小就对烹饪有着浓厚的兴趣，初中毕业时报考了某职校烹饪专业，并被顺利录取，但小王对于厨师这个职业并不了解。那厨师到底是一个怎样的职业呢？符合什么样的条件才能成为一名真正的厨师呢？

　　在烹饪学校里新生入学的第一课，由烹饪界老前辈和学校烹饪专业教师授予烹饪专业新生厨师帽，这个简单而又庄重的仪式不但意味着烹饪行业新鲜血液的注入，更意味着烹饪文化的传承。（图1-1）

图1-1　授予烹饪专业新生厨师帽

　　厨师，是以烹饪为职业，通过制作符合科学卫生和饮食质量标准的食品，为社会提供饮食服务的专业技术人员。中餐传统上有红案与白案之分。红案指的是以加工副食一类烹饪原料为主的工作，包括炒菜、蒸菜等。白案指的是餐饮行业中制作面点以及相关面食制品的工作。现代厨师职业按技能工种分为：中式烹调师、西式烹调师、中式面点师、西式面点师。

一、厨师的作用

（一）为人们提供美味可口、营养丰富的食物

　　厨师是人类文明建设中不可或缺的重要力量。随着社会物质文明的进步，家务劳动的社会化是历史发展的必然趋势。随着紧张、快节奏的社会生活的到来，酒店、公共餐厅以及流动快餐将成为人们餐饮的重要提供途径。厨师的劳动将替千百万人解决生活上的后顾之忧，使得人们能把更多的精力投入工作、学习中去，从而将大量的劳动

力从忙于家庭烧煮的事务中解放出来。

（二）促进社会经济的发展，满足社会消费的需要

厨师创造美食，满足社会消费的需要，增强人的体质，促进人的健康，保证人们有更多的精力、更强的体魄投入事业中去。厨师在为消费者提供优质服务的同时，也为饭店获得经济效益。尤其要指出的是，厨师在政治、经济、文化、外交活动中的中介作用是不可忽视的。在现代社会，许多交际活动都离不开餐饮活动。因此，从这个意义上讲，厨师的劳动已成为引导消费、推动经济建设的动力之一。

（三）继承和传播中华饮食文化

中国烹饪文化历史悠久、灿烂辉煌。中国优秀的饮食文明和烹饪技术，靠谁去继承并发扬光大？主要靠厨师。中华人民共和国成立以来，中国烹饪由传统、单纯的技术，逐步进入科学、艺术的殿堂。这除了党和政府的重视之外，还与广大厨师的精心总结和辛勤劳动分不开。今天，一批批既具有精湛技艺，又具备烹饪科学知识、艺术理论的厨师已经成长起来，他们已经成为中国烹饪文化的优秀继承人。党的二十大报告指出，坚守中华文化立场，提炼展示中华文明的精神标识和文化精髓，加快构建中国话语和中国叙事体系，讲好中国故事、传播好中国声音，展现可信、可爱、可敬的中国形象。在新时代，大批中国厨师走出国门，迈向世界，将中国优秀的饮食文化传播到世界各地，并获得了广泛称赞。因此，可以毫不夸张地说，中国厨师已成为传播中华优秀文化的出色使者。

二、厨师的职业特征

（一）技能性

厨师是从事菜点制作的专业人员，他们通过高超的技能来完成菜点的制作以满足顾客的需求。

（二）服务性

厨师是餐厅对客人服务的岗位之一，其工作的性质就是为消费者提供菜点服务。厨师要针对不同就餐客人的特点和要求，通过悉心制作、热诚服务，以满足客人对菜点高层次的要求。

（三）知识性

厨师除了运用技能制作菜点外，还运用其掌握的专业知识（如营养知识等）为客人悉心推荐、合理配菜，显示其工作内容的内涵和知识性。

（四）管理性

酒店要有生命力，必须提供与客人需求相符合的产品，这些产品包括菜点和服务。但怎样提供与产品价格相匹配的菜点与服务呢？这就需要厨师共同参与酒店的经营与管理。当代有很多著名厨师不但是杰出的烹饪大师，还是杰出的经营和管理大师。

（五）体力性

厨师的工作很辛苦，不仅工作量大，而且较为繁重。无论是加工切配，还是临灶烹调，厨师都需要付出很大的体力，没有健康的体质是承受不了的。

知识链接

1. 中国烹饪大师

2000年3月20日，国家内贸局评选出了首批中国烹饪大师并给予表彰，为提高厨师的社会地位、增强厨师的职业荣誉感起到了积极的作用。具体要求是：有25年以上烹饪工龄；品德高尚，厨艺技能精湛，知识丰富；对烹饪事业有积极的奉献精神，有为创新中国烹饪追求卓越的心态；精通中国菜的制作技艺，通晓各主要菜系的风格、特点和代表菜点的制作技术，为中国饮食文化发展作出突出贡献；在某地域有一定影响力或在某一菜品领域有特殊建树，并且具有指导和培养年轻厨师的知识和能力；热心带徒，培养人才。达到这些要求才符合中国厨师的至高荣誉——中国烹饪大师。（图1-2）

图1-2 中国烹饪大师奖章

2. 厨师节日

"中国厨师节"活动始于1990年，最初是由济南、杭州、上海、天津、重庆、福州、广州、合肥、南昌、长沙、成都、西安十二大城市的民间组织自发举办的，其目的是想通过举办厨师节，进一步弘扬中华饮食文化，加强全国各地餐饮业的技术交流，营造尊重厨师、崇尚创新的良好气氛，鼓励厨师为我国餐饮业的发展不断努力奋斗。

首届厨师联谊节于1991年10月在济南举办，最初定名为"全国十二城市厨师联谊节"，这个名称一直沿用到1998年在上海举办的厨师节。1999年，第九届"全国十二城市厨师联谊节"更名为"中国厨师节"。"中国厨师节"是国家商务部支持的重点展会之一。作为行业例会，"中国厨师节"已成为我国餐饮行业中最具规模和影响力的品牌活动，对加强行业交流、推动行业发展、弘扬中华饮食文化发挥了重要作用。一年一度的"中国厨师节"，已经被誉为中国"厨师峰会"和"餐饮行业的广交会"。

任务收获

1. 通过查阅书籍、网络了解当前厨师行业的发展状况。

2.找一找与烹饪专业有关的著名网站。

任务二　厨师职业道德标准

 **任务要求**

熟悉优秀厨师的职业道德标准，形成正确的职业道德规范。

案例导入

自从进入烹饪专业学习后，小王经常听到亲戚朋友对他说：学厨师最重要的是多学会炒几个菜，这样今后才有机会多挣钱，至于其他就不重要了。

真的是这样吗？

假如一个厨师欺上瞒下、坑害他人、偷吃偷拿、损人利己、道德败坏，有谁愿意与他交朋友、做同事？又有谁愿意聘用他呢？要想做成事必先做好人。高尚的人格和良好的厨德是现代厨师最重要的素质之一，也是优秀厨师的基本职业标准之一。

厨师职业道德是指厨师在从事烹饪工作时要遵循的行为规范和必备品质；也是厨师践行社会主义核心价值观的重要体现。一家餐饮企业的兴衰，厨房工作人员是关键。厨师职业道德具体包含以下几方面的内容。

一、爱岗敬业，忠于职守

爱国、敬业、诚信、友善是每个中华儿女都应遵循的价值观。就厨师而言，热爱烹饪事业，是厨师职业道德的灵魂。厨师的责任感，是决定工作质量优劣的首要因素。中国素有"烹饪王国"的美誉，每一位厨师都应为自己从事的工作感到自豪，将自己的身心融入烹饪事业当中，培养自己高尚的情操和优良品质，充分发挥自己的聪明才智，以主人翁的态度对待自己的工作。爱岗敬业，忠于职守，就是要求把自己职责范围内的事做好，合乎质量标准和规范要求，能够完成相应的任务。

我们都知道，厨师职业向来有"勤行"之说。辛勤劳动、艰苦创业、精益求精是优秀厨师的职业标签。中华人民共和国成立以来，作为社会主义劳动者的组成部分，无数的优秀厨师受到国家、省、市等各级各类表彰。"劳动模范""五一劳动奖章""杰出工匠"等荣誉称号的获得者中均有厨师。这极大地提升了厨师的社会地位和职业荣誉感。党的十八大以来，习近平总书记多次礼赞劳动创造，讴歌劳模精神、劳动精神、工匠精神，2020年在全国劳动模范和先进工作者表彰大会上，习近平总书记精辟地阐释了这三种精神的科学内涵："爱岗敬业、争创一流、艰苦奋斗、勇于创新、淡泊名利、甘于奉献的劳模精神""崇尚劳动、热爱劳动、辛勤劳动、诚实劳动的劳动精神""执着专注、精益求精、一丝不苟、追求卓越的工匠精神"，强调它们"是以爱国主义为核心的民族精神和以改革创新为核心的时代精神的生动体现，是鼓舞全党全国各族人民风雨无阻、勇敢前进的强大精神动力"。劳模精神、劳动精神、工匠精神就是爱岗敬业，忠于职守的最佳体现。

二、讲究质量，注重信誉

讲究质量，注重信誉，是厨师职业道德的核心。厨师烹制的菜点，其质量的好坏，决定着企业的效益和信誉。不断提高菜肴质量是厨师的应尽职责。职业不仅是一个人安身立命的基础，而且也是为国家、为集体、为他人谋利益和作贡献的基本途径，因此厨师精通本职业务，是做好本职工作的关键，也是烹饪从业人员职业道德的一项重要内容，更是工匠精神的重要体现。

不论是企业还是个人，一旦做出了对社会或对他人的欺骗行为，就会遭到别人的反感，从而失去很多发展机会。因此，道德调节人们利益关系的意义就在于，你确实在为顾客着想和服务，注重信誉，才有自己的利益。

三、尊师爱徒，团结协作

中国烹饪文化源远流长，世代相传，在世界上享有崇高的美誉。这是历代烹饪厨师辛勤耕耘和创造性劳动的结果。一代一代的厨师，通过师徒传艺的形式，使很多烹饪方法、技艺得以继承和发展。随着时代的进步，传艺的手段有了多样性的变化，但不管形式如何变化，师父仍然发挥着至关重要的作用。因此，尊师爱徒，是厨师的传统职业道德，必须继承和发扬。

团队精神，是职业道德的重要内容。任何一个饭店都是一个集体，任何一个厨师都有其相处的同事。同事间相处的好坏会直接影响到企业或个人的发展。古人说："三人行，必有我师焉。"任何人都有其长处，特别是做厨师，厨房内部有不同的分工，一个人不可能会所有的技术，也不可能将厨房所有的工作都交由一个人来完成，大家必须相互配合，才能完成各项任务和指标。如果每一个人只图自己省事，只顾自己方便，大家就很难通力合作，工作质量就无法保证。所以，厨师一定要学会团结协作，互相学习，实现共同发展和共同进步。

四、善于学习，开拓创新

知识经济时代，学习是永恒的主题，知识是推动行业发展的动力之一。21世纪是一个新兴时代，人们都在追求创新，科技在创新，许多传统的行业也在追求创新，餐饮行业也不例外。作为烹饪从业人员，要不断地积累知识，更新知识，适应原料、工艺、技术不断更新发展的需要，适应企业竞争、人才竞争的需要。当前，中国经济全方位地向世界敞开，国外的企业涌入中国，从而使中国的餐饮业面临着国外知名餐饮的冲击和挑战。因此，中国的餐饮业不仅需要大量的职业经理主管，而且还需要大量精业务、懂管理、善经营、会理财、爱岗敬业的厨师，共同振兴、开发、创新、弘扬中国的餐饮文化，不断扩展中国餐饮业的规模，提高中国餐饮业的档次，扩大品牌知名度。

五、遵纪守法，严于律己

任何社会组织都需要有规矩和有约束力的规章制度，规定所属人员必须共同遵守和执行，这就是纪律。能自觉遵守纪律，就能把事情办好。违反纪律会使工作不能正常运转，因此，必须遵纪守法。凡违法行为，都要依法受到法律规定的处罚。

遵纪守法，不弄虚作假，对自己严格要求，是烹饪工作能够正常进行的基本保证。每位厨师都要自觉遵守社会公德、法律法规及企业的规章制度。尤其是厨师必须遵守行业的职业道德，严格执行《中华人民共和国食品安全法》《中华人民共和国环境保护法》《中华人民共和国消费者权益保护法》《中华人民共和国经济合同法》等相关法律法规。

实战演练

礼仪习惯的培养

通过师徒、同事、顾客角色扮演活动，体验站在对方的立场来感受相互尊重的重要性。

任务收获

通过书籍、报刊、网络等途径，查阅世界各地对厨师职业的要求。

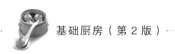
任务三　厨师职业能力标准

任务要求

1. 熟悉厨师职业能力标准，并努力按标准学习。

2. 了解中式烹调师国家职业资格等级的划分与条件。

3. 掌握中级中式烹调师国家职业资格技能考核的要求。

案例导入

某单位招聘赴荷兰厨师若干名的一篇招工简章的具体内容如下。

1. 赴荷兰厨师名额及要求

中餐厨师20名，菜系不限，会川菜或粤菜者优先，日餐、泰餐厨师若干名。有5年以上工作经验及高级以上厨师职业资格证，能够服从公司的分配，完成公司安排的各项工作。

待遇：

工资：900～1100欧元/月（高级粤菜和日餐厨师待遇更高，多的可达2000欧元/月）。

工作时间：8～10时/天，需轮班配合，如有加班费用另算。

住宿：雇主免费提供。

用餐：雇主提供工作餐。

合同期限：3年，可续。

2. 需要提供的材料（简历用Word文件编辑，照片及证书可扫描）

（1）简历。

（2）2寸白底工作装照片。

（3）高级以上厨师职业资格证书。

（4）菜品照片10张左右。

（5）烹饪菜肴制作视频。

注：报名所需提供的材料费用自理。

从这个案例中，你能总结出厨师需具备的职业能力吗？

厨艺，就是厨师的手艺、技能。手艺的好坏，是决定一个人是否能成为烹饪名师的决定因素。那么，作为职业厨师该如何提高自己、练就纯熟的烹调技艺呢？

一、厨师的专业能力

（一）具备扎实的基本功

俗话说："练武不练功，到老一场空。"这句话充分说明了基本功的重要性。厨师是技术人员，需掌握刀工、配菜、涨发等多项专业基本技能。厨师必须具备扎实的基本功，才能将原料用科学的方法进行加工、改刀、配菜、烹调。厨师如果基本功不扎实，就不可能烹制出色、香、味、形俱佳的菜点。所以，作为现代厨师，练好基本功是相当重要的。

（二）具备熟练的烹调技艺

现在，厨房分工明确，各工种都有严格的岗位质量标准。同时，各工种之间又紧密联系、不可分割，在熟练操作本工种技能的同时，必须要充分了解下一道工序的质量要求，灵活地进行制作。一个优秀的厨师必须是精通本菜系的烹调能手，并且旁通国内各主要菜系的烹调方法和技能；无论是烹调、刀工、食雕、冷盘，还是面点，都能得心应手，而且能指挥带动整个厨房内的各岗位厨师爱岗敬业地工作；对于菜式要不断地推陈出新，对于厨师的培养和提高要起到带头作用，从而使本酒店、餐厅的菜品独具风味特色，吸引更多的顾客。

（三）具备广博的烹饪专业知识

烹饪是一门包罗美学、化学、生物学、地理学、历史学、营养卫生学、解剖学、食品学、心理学等众多科目的综合学科。学习美术，可以美化菜肴形态，丰富菜肴品种。学习烹饪化学，可以对原料和制作工艺加以解释，如烤制品表面之所以会变脆、变硬、变色，主要是因为美拉德反应和焦糖化反应。厨师通过丰富的理论知识来指导实践操作，将实现不断创新和自身能力提升，为专业发展打下扎实的基础。

二、厨师的技能等级要求

我国的厨师职业共设五个等级，分别为：五级（初级工）、四级（中级工）、三级（高级工）、二级（技师）、一级（高级技师）。从中职学校学成毕业的一般都是四级（中级工），也有极少部分三级（高级工）。

那么这些职业资格的取得，需要符合哪些条件呢？

（一）五级（初级工）

申报条件（具备以下条件者）：

第一，累计从事本职业或相关职业[①]工作1年（含）以上。

---

① 此部分的相关职业指：中式面点师、西式烹调师、西式面点师。

第二，本职业或相关职业学徒期满。

（二）四级（中级工）

申报条件（具备以下条件之一者）：

第一，取得本职业或相关职业五级 / 初级工职业资格证书（技能等级证书）后，累计从事本职业或相关职业工作 4 年（含）以上。

第二，累计从事本职业或相关职业工作 6 年（含）以上。

第三，取得技工学校本专业或相关专业[①]毕业证书（含尚未取得毕业证书的在校应届毕业生）；或取得经评估论证、以中级技能为培养目标的中等及以上职业学校本专业或相关专业毕业证书（含尚未取得毕业证书的在校应届毕业生）。

（三）三级（高级工）

申报条件（具备以下条件之一者）：

第一，取得本职业或相关职业四级 / 中级工职业资格证书（技能等级证书）后，累计从事本职业或相关职业工作 5 年（含）以上。

第二，取得本职业或相关职业四级 / 中级工职业资格证书（技能等级证书），并具有高级技工学校、技师学院毕业证书（含尚未取得毕业证书的在校应届毕业生）；或取得本职业或相关职业四级 / 中级工职业资格证书（技能等级证书），并具有经评估论证、以高级技能为培养目标的高等职业学校本专业或相关专业毕业证书（含尚未取得毕业证书的在校应届毕业生）。

第三，具有大专及以上本专业或相关专业毕业证书，并取得本职业或相关职业四级 / 中级工职业资格证书（技能等级证书）后，累计从事本职业或相关职业工作 2 年（含）以上。

（四）二级（技师）

申报条件（具备以下条件之一者）：

第一，取得本职业或相关职业三级 / 高级工职业资格证书（技能等级证书）后，累计从事本职业或相关职业工作 4 年（含）以上。

第二，取得本职业或相关职业三级 / 高级工职业资格证书（技能等级证书）的高级技工学校、技师学院毕业生，累计从事本职业或相关职业工作 3 年（含）以上；或取得本职业或相关职业预备技师证书的技师学院毕业生，累计从事本职业或相关职业工作 2 年（含）以上。

（五）一级（高级技师）

申报条件（具备以下条件者）：

取得本职业或相关职业二级 / 技师职业资格证书（技能等级证书）后，累计从事本职业或相关职业工作 4 年（含）以上。

---

① 此部分的相关专业指：中餐烹饪、西餐烹饪、烹调工艺与营养（烹饪工艺与营养）、烹饪与营养教育。

知识链接

中职毕业技能要求［中级中式烹调师技能考核要求，选自《国家职业技能标准——中式烹调师（2018年版）》］，见表1-1。

表1-1　中职毕业技能要求

职业功能	工作内容	技能要求	相关知识
1. 原料初加工	1.1 鲜活原料初加工	1.1.1 能对动物性鲜活原料进行品质鉴别 1.1.2 能对家畜类的头、蹄、尾部及内脏原料进行清洗整理等加工 1.1.3 能对水产品原料进行宰杀、清洗整理等加工	1.1.1 动物性鲜活原料品质鉴别的方法 1.1.2 家畜类原料清理加工方法及技术要求 1.1.3 水产品原料初加工方法及技术要求
	1.2 干货原料初加工	1.2.1 能对干货原料进行品质鉴别 1.2.2 能对蹄筋、肉皮等干货原料进行涨发加工	1.2.1 干货原料品质鉴别的方法 1.2.2 干货原料的属性分类 1.2.3 油发加工的概念及原理 1.2.4 动物性干制原料的油发方法及技术要求
2. 原料分档与切配	2.1 原料分割取料	2.1.1 能根据猪、牛、羊等家畜类原料的部位特点进行分割、取料 2.1.2 能根据鱼类原料的品种及部位特点进行分割、取料	2.1.1 猪、牛、羊等家畜类原料的各部位名称、品质特点、肌肉和骨骼分布知识 2.1.2 不同品种鱼的品质特点、肌肉和骨骼分布知识
	2.2 原料切割成形	2.2.1 能根据菜肴要求将动物性原料切割成麦穗花刀等形状 2.2.2 能根据菜肴要求将植物性原料切割成兰花花刀等形状	2.2.1 剞刀的技术要求及方法 2.2.2 花刀的分类及成形方法
	2.3 菜肴组配	2.3.1 能根据原料的质地、色彩、形态要求，进行主、配料的搭配组合 2.3.2 能运用排、扣、复、贴等手法组配花色菜肴	2.3.1 菜肴组配的造型方法 2.3.2 原料质地、色彩、形态的组配要求 2.3.3 排、扣、复、贴的概念及相关菜肴的组配方法

职业功能	工作内容	技能要求	相关知识
3. 原料预制加工	3.1 挂糊、上浆	3.1.1 能调制水粉浆、全蛋浆等 3.1.2 能根据原料要求选择合适的浆液对原料进行上浆处理 3.1.3 能调制全蛋糊、蛋清糊、蛋黄糊等 3.1.4 能根据原料要求选择合适的糊对原料进行挂糊处理	3.1.1 调浆、制糊的方法及技术要求 3.1.2 挂糊、上浆的作用
	3.2 调味、调色处理	3.2.1 能调制酸甜味、麻辣味等味型 3.2.2 能运用调料对原料进行调色处理	3.2.1 酸甜味、麻辣味等味型的调配方法和技术要求 3.2.2 调料调色的方法
	3.3 预熟处理	3.3.1 能对原料进行走油、走红预熟处理 3.3.2 能制作基础汤	3.3.1 烹制工艺中的热传递方式种类 3.3.2 预熟处理的方法及要求 3.3.3 汤的种类 3.3.4 基础汤的用料及技术要求
4. 菜肴制作	4.1 热菜烹制	4.1.1 能运用水导热中烩、焖的烹调方法制作菜肴 4.1.2 能运用油导热中熘、爆、煎的烹调方法制作菜肴 4.1.3 能运用汽导热中蒸的烹调方法制作菜肴	4.1.1 火候的概念及传热介质的导热特征 4.1.2 烩、焖、熘、爆、煎的概念及技术要求 4.1.3 勾芡的目的、方法及技术要求
	4.2 冷菜制作	4.2.1 能运用酱、卤等烹调方法制作热制冷食菜肴 4.2.2 能进行什锦拼盘的拼摆及成形	4.2.1 热制冷食菜肴的制作要求和方法 4.2.2 什锦拼盘拼摆要求

三、厨师的综合能力

（一）具备较高的文化修养

跨入 21 世纪，餐饮业竞争如此激烈，归根到底就是人才和文化的竞争。厨政管理及烹饪技艺高低与厨师自身文化修养有着密切的联系。厨师的文化水平、专业素质，直接影响到烹饪事业的发展。而现代社会飞速前进，对传统烹饪业提出了更高的要求，没有一定的文化知识，就无法利用现代媒体，如报纸、杂志、互联网等传播方式快速补充知识，也可以说没有文化知识必将被社会淘汰，这是不争的事实。所以，作为现代厨师不仅要学到技术，而且还要多学文化知识，要学习烹饪相关的各种科学文化知识：烹饪史学、饮食民俗、饮食心理学、饮食药物学、饮食美学、饮食营养学、食品卫生学、食品化学、餐饮管理学等。同时，还应加强外语、计算机知识的学习。厨师不是做菜的机器，只懂技术的工匠型厨师是没有竞争力的。烹饪是一门综合科学，厨师必须博学多才、见多识广，方能赋予烹饪更多创造性的内涵和色彩。

（二）具备一定的组织管理能力

作为一名爱岗敬业的厨师，不仅需要精通烹调业务技术，而且要具备现代餐饮业的管理知识。要懂管理、能经营，必须会为餐厅精打细算。比如通过增收节支、开源节流，以增加酒店、餐厅利润；增加新项目，开发新菜品，利用节假日推销产品，扩大销售量，达到增加酒店、餐厅收入的目标；还要会制定出严密、完整的操作程序和成本控制措施，并加以监督执行，从而提高酒店、餐厅的盈利能力。

（三）具备良好的身体素质

厨师工作是一种强度较大的劳动，要成为一名合格的厨师，从身体素质上讲，首先要有健康的体质。其次，厨师还要具有较强的耐受力。厨师工作与普通工作不同，往往是上班在人前，下班在人后；做在人前，吃在人后，甚至有时业务忙起来，连一顿完整的饭都吃不上；还要经受炉前高温、油烟的熏烤等。这种职业劳动的特点，要求厨师要有较强的耐受力。有人把这种耐受力形象地概括为"四得"，即饱得、饿得、热得、冷得。最后，厨师还要反应敏捷，精力充沛。厨房工作一旦开始，就呈现出高度紧张的状态，特别是业务量大的时候。当客人点菜或订购筵席之后，厨师就要立即作出反应，配菜烹调。此外，在制作过程中，有些菜需要急火烹制，如炒菜类。这些菜点往往要求在很短的时间内完成一系列的操作程序，这就要求厨师具有敏捷的思维、熟练的动作和充沛的精力。

知识链接

烹饪竞赛

全国烹饪名师技术表演鉴定会是第一届全国烹饪技术竞赛，1983年11月7—14日在北京人民大会堂举行，由商业部主办。参赛的厨师、点心师共83人。评选出最佳厨师10名、最佳点心师5名，优秀厨师12名、优秀点心师3名，冷荤拼盘制作工艺优秀奖7名。

第二届全国烹饪技术竞赛于1988年5月9—18日在北京国际饭店举行，原商业部、国家旅游局、铁道部、解放军总后勤部、中华全国总工会、中共中央直属机关事务管理局、国家机关事务管理局和中国烹饪协会联合主办，有34个代表团，200名选手参加比赛。此后全国烹饪技术竞赛每五年举办一届，至2019年为止已举办八届。

任务收获

　　厨师的技能等级与厨师的荣誉是同一回事吗？如高级厨师与浙江烹饪大师、中国烹饪大师有怎么样的关系？

任务四　厨师仪容仪表标准

任务要求

1. 了解规范的厨师仪容仪表。
2. 培养良好的卫生习惯，养成严谨的工作态度。

案例导入

　　小王经常和父母在餐厅、酒店用餐，以前自己没有学习烹饪专业，不怎么注意酒店的厨师。自从自己开始学习烹饪专业以来，他经常会在用餐间隙去观察在酒店里工作的厨师。他发现：一些小餐厅的厨师不怎么注意仪容仪表，有的帽子没戴端正，有的衣服扣子没扣上，甚至有些厨师工作服很邋遢。但在星级酒店里看到的厨师往往服帽端正、整洁规范，让人觉得很帅气。小王暗下决心：自己一定要成为一名技艺高超的一流大厨。

一、发型修饰

　　厨师发型的总体要求是整洁、规范、长度适中、款式适合自己。有条件的话每天都要洗头，还应定期修剪。具体要求：男性厨师前发不附额，侧发不掩耳，后发不及领。（图1-3）女性厨师如是长发，要用卡子或发箍把头发束起来。（图1-4）

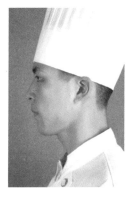 

图 1-3　男厨师

 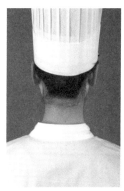

图 1-4　女厨师

二、面部修饰

面部除了要保持整洁之外，还要注意修饰多余毛发，如胡须、鼻毛等。（图 1-5、图 1-6）男性厨师不留胡须，养成每日剃须的习惯。

图 1-5　男厨师　　图 1-6　女厨师

三、手部修饰

手部除了要保持整洁外，不能佩戴首饰物品，如戒指等。要勤剪指甲，不能留长指甲。（图 1-7）

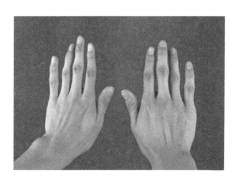

图 1-7　手部

四、着装要求

规范、整洁、得体的着装，是厨师仪表的重要内容，也是衡量酒店、餐厅水准的重要标准。

厨师一般应穿着专业的工作服，工作服主要以白色为主；工作裤可以配格子裤，也可以配深色裤子；鞋子一般为黑色皮鞋，保持清洁；颈部可适当搭配领巾；帽子一般采用无纺布或纸质厨师帽，传统上也用布质厨师帽；围裙主要采用布围裙，颜色可分多种。（图 1-8、图 1-9）

图 1-8　女厨师　　　　图 1-9　男厨师

实战演练

1. 仪容仪表检查：同学以小组为单位相互检查仪容仪表情况，并进行评价和纠正。（表1-2）

表1-2　仪容仪表检查

检查项目	内容	具体要求	评分情况			
头部检查	头发	干净整洁，前发不附额，侧发不掩耳，后发不及领	合格		不合格	
	面部	干净整洁，无多余毛发	合格		不合格	
手部检查	洁净度	干净整洁	合格		不合格	
	指甲	无长指甲，指甲缝无脏物	合格		不合格	
	饰物	没有饰物	合格		不合格	
着装检查	工作帽	干净整洁，无油渍污物，及时更换	合格		不合格	
	工作服、裤、围裙	干净整洁，无油渍污物，及时清洗	合格		不合格	
	工作鞋	干净整洁，无油渍污物	合格		不合格	

2. 分析图1-10中厨师着装存在的问题，请给予纠正。

_____

_____

_____

_____

图1-10　厨师着装

任务收获

请叙述怎样才能养成良好的卫生习惯和工作态度。

项目实践

作为一名中职生,请你从认识自己、认识专业出发,制定一份职业生涯规划书。

1.自我认知(自己的优缺点等)。

2.专业认知(对专业的认识等)。

3.确定目标(根据自身条件及志向,确定职业目标)。

4.发展规划。

第一阶段:

时间:

目标:

第二阶段:

时间:

目标:

第三阶段:

时间:

目标:

5.步骤措施。

为了使目标成为现实,拟采取以下措施。第一阶段我必须做到:

(1)

(2)

(3)

第二阶段我必须做到:

(1)

(2)

(3)

第三阶段我必须做到：

（1）_____

（2）_____

（3）_____

　　我要从现在做起，按部就班地根据每一阶段的目标，扎扎实实地走好每一步。同时我也会根据各阶段的具体情况，对规划做适时的修正和调整，避免走弯路。

签名：_____

日期：_____

项目评价

　　请根据你对本项目的学习情况，完成表1-3。

表1-3　任务完成情况汇总表

任务完成情况	任务一	任务二	任务三	任务四
完成				
部分完成				
未完成				

学习反思

项目二
厨房设备

项目介绍

我国制造业向高端化、智能化、绿色化不断发展，加快了我国向制造强国、质量强国、数字中国迈进的步伐。一大批应用新技术、新工艺的厨房设备在行业中不断投入使用。各种各样现代化工具的合理使用，不仅能提升工作效率，更是一个现代厨师必须掌握的技能，是一个现代厨师的标志。

厨房设备即厨房加工、配份、烹调以及与之相关、能保证烹饪生产顺利进行的各类器械。厨房设备是厨房生产运作必不可少的物质前提条件。本项目将根据各类厨房设备的主要使用部门及岗位对设备进行划分，简要、系统地介绍完成厨房加工、冷藏、加热等操作时的主要设备及其特点。

学习目标

1. 根据厨房加工、生产需求，认识和了解厨房设备。
2. 熟知各种厨房设备的性能，学会合理使用以及维护、保养各种厨房设备。
3. 能对厨房设备进行有效的管理。

项目实施

任务一　厨房加工设备

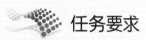任务要求

认识和了解厨房使用率较高的加工设备，掌握加工设备维护的基本步骤。

案例导入

中央电视台曾经拍了一部叫《中国一绝》的纪录片，记录当时中国的 12 般绝活，东来顺的手切羊肉就是其中之一。那时东来顺最好的切肉师叫裕德全，4 两①羊肉能切出 33 ～ 35 片。这种手工切法对切肉师的要求非常高，培养出一名优秀的切肉师也非常难。一位这样的切肉师一天只能切出几十斤②羊肉，而东来顺涮羊肉的销售量非常大，20 世纪 70 年代，东来顺一天的羊肉销售量就已经近 1500 kg。现代厨房的切肉片机每小时能加工同等质量的肉片约 500 kg。现代化的厨房加工设备减轻了厨师的劳动强度，大大提高了工作效率。

厨房加工设备主要是指对原料进行去皮、分割、切削、打碎等处理，以及面点制作的和面、包馅、成形等设备。

一、认识厨房加工设备

（一）切片机

切片机是切、刨肉片以及切脆性蔬菜片的专用工具。该机虽然只有一把刀具，但可根据需要，调节切、刨厚度。切片机在厨房常用来切割各式冷肉、土豆、萝卜、藕片，尤其是切、刨涮羊肉片，所切之片大小、厚薄一致，省工省力，使用频率很高，如图 2-1 所示。

（二）食品切碎机

食品切碎机能快速进行蔬菜、肉类等原料的搅拌、切碎处理。不锈钢刀在高速旋转的同时，食物盆也在旋转，加工效率极高。食物盆及盆盖均可拆卸，便于设备清洗。该机在灌肠馅料、汉堡包料、各式点心馅料的加工搅拌方面十分便利，如图 2-2 所示。

---

①　1 两 = 50 g。
②　1 斤 = 500 g。

图 2-1　切片机　　　　　　　图 2-2　食品切碎机

（三）绞肉机

绞肉机使用时首先要把肉分割成许多小块并去皮去骨，再由入口投进绞肉机中，启动机器后在孔格栅挤出肉馅。肉馅的粗细可由绞肉的次数来决定，反复绞几次，肉馅则更加细碎。该机还可用于绞切各类蔬菜、水果、干面包等，使用方便，用途很广，如图 2-3 所示。

（四）打浆机

打浆机在厨房加工中，主要用于肉丸、鱼丸等肉材料打浆及成丸的设备，是茸类菜品成形加工工具，能使肉浆更加细腻，如图 2-4、图 2-5 所示。其发动机属于间歇式发动机，严禁长时间连续使用，若在打浆过程中发现机体过热应先停下。打浆机的刀片是两片蝶形延伸的刀片，如图 2-6 所示。打浆机的这种刀片构型能使浆液充分翻动，从而使浆液打制得更加细腻。

图 2-3　绞肉机　图 2-4　大型打浆机　图 2-5　小型打浆机　图 2-6　打浆机的刀片

（五）多功能搅拌机

多功能搅拌机结构与普通搅拌机相似。多功能搅拌机可以更换多种搅拌头，可搅拌的原料范围更广，如搅打蛋液、和面、拌馅等，也可用于搅拌西点奶油，具有多种用途，如图 2-7 所示。大型的多功能搅拌机一般有多个挡位，当进行挡位切换时需要先停机再切换，否则会损坏齿轮。

（六）擀面机

擀面机又叫压面机。擀面机是用于水面团、油酥面团等双

图 2-7　多功能搅拌机

向反复擀制达到一定厚度要求的专用机械设备。具有擀制面皮厚薄均匀、成形标准、操作简便、省工省力、工效明显等特点，如图2-8、图2-9所示。

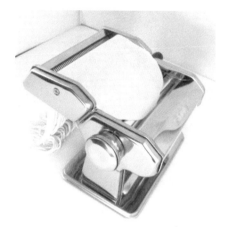

图2-8　小型擀面机

图2-9　大型压面机

（七）酥皮机

　　酥皮机又称起酥机、开酥机、丹麦机、压皮机，主要用于各式面包、西饼、饼干整形及各类酥皮的制作，操作简单、方便，有碾压和拉伸双重作用。工作原理就是通过机械传动原理控制压面轴左右碾压面皮，使面团成为多层均匀的薄片，达到酥软、均匀的效果，如图2-10所示。它广泛

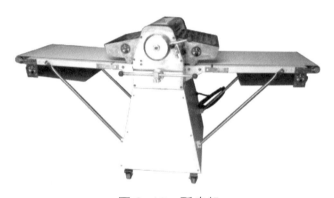

图2-10　酥皮机

应用于食品加工厂、各大商超、面包房、西点屋、蛋糕店等。

二、厨房加工设备的维护

　　厨房加工设备维护、保养主要是保持设备清洁、整齐、润滑良好、安全运行，应及时紧固松动的紧固件，调整活动部分的间隙等。简言之，即"清洁、润滑、紧固、调整、防腐"10字作业法。

　　维护、保养依工作量大小和难易程度分为日常保养、一级保养、二级保养、三级保养等。日常保养，又称例行保养。其主要内容是：进行清洁、润滑，紧固易松动的零件，检查零件、部件是否完整。这类保养的项目和部位较少，大多数在设备的外部。一级保养，主要内容是：普遍地进行拧紧、清洁、润滑、紧固，还要进行部分调整。日常保养和一级保养一般由操作工人承担。二级保养，主要内容包括内部清洁、润滑、局部解体检查和调整。三级保养，主要是对设备主体部分进行解体检查和调整，必要时对达到规定磨损限度的零件加以更换。此外，还要对主要零部件的磨损情况进行测量、

鉴定和记录。二级保养和三级保养在操作工人参加下，一般由专职保养、维修工人承担。在各类维护、保养中，日常保养是基础。

知识链接

压面机"咬"伤人的情况并不少见，被"咬"伤的生产工作人员轻则骨折，重则手臂残废，给家庭带来了极大的负担。

预防和应对这类事故应采取如下措施。

① 将规范的压面机使用流程图，张贴在压面机旁。

② 压面机生产车间至少同时有 2 名员工，以便事故发生时及时救援。

③ 在发生"咬"伤事故时，工作人员应立即关闭压面机，拨打 119 和 120 寻求救助。

④ 事故发生后，切勿强拉手臂，应迅速拆解机器。

实战演练

打浆机的保养

打浆机一般被用来打制禽类、家畜类和鱼肉类原料，完成制茸工作。每次使用后都要进行保养、洗涤和维护，不然下次使用时一打开打浆机就会有上次残留原料腐烂的味道。这种不良气味不仅难以去除，还会混入新原料中，造成原料的气味异常，还会污染食材。为了避免这种事情的发生，厨师在使用打浆机后一定要及时清洗、保养。其拆洗步骤如下。

步骤一，将打浆机盖子取下，清洗杯盖。（图 2-11）

步骤二，取出其中的刀片，清洗刀片。（图 2-12）

图 2-11　清洗杯盖

图 2-12　清洗刀片

步骤三，将杯体取出，清洗杯体。（图2-13）

步骤四，将打浆机的机体擦干净，晾干后组装好放在指定的位置保管，以备下次使用。

图2-13 清洗杯体

实战演练

请对小型压面机进行保养。（图2-14）

图2-14 小型压面机

知识链接

1.设施设备管理

① 厨房设备，如切片机、冰箱、蒸饭车、压面机等设备均由专人管理。

② 掌握所用设备的正确使用方法。

③ 不经过厨师长的同意，不得擅自使用厨房设备。

④ 定期对使用的设备进行维护、保养，确保设备的正常使用。

⑤ 下班后厨师长要安排专人对厨房所有设备及电源进行检查，确保万无一失，方可锁好厨房门，离开厨房。

⑥ 发现故障隐患，要及时向厨师长汇报，及时检修。

2.工具及厨品用具管理

① 厨房工具及厨品用具，如菜刀、菜墩、工作台、菜盘、菜筐等所有工具、用具都要定人管理，保证所有工具、用具有人负责，做到物物有人管，人人有物管。

②　无论何时都必须确保工具、用具的卫生及完好。

③　所有人员都要掌握厨房工具及厨品用具的正确使用方法。

④　定期对厨房工具、用具进行盘点检查，有损坏的工具、用具，后厨人员要平摊赔偿，或由负责人赔偿。

3.设备管理原则

厨房设备管理应以方便生产、减少损坏、保持设备完好为原则。具体包括以下几个方面。

①　预防为主。不要养成用者不管、管者不查、坏了报修、修坏再买的恶性循环的习惯，应贯彻预防为主的原则。平时多检查，定期做保养，用时多留心，切实做到维护、使用相结合，并强化例行检查、专业保养的职能，维持设备完好，尽可能减少设备损坏现象。

②　属地定岗。厨房设备责任管理，应以设备所在地为基础，尽量明确附近岗位、人员看护、检查、督促相关设备的使用、清洁和维护工作；员工下班前应对责任区内设备进行检查，对设备完好情况进行确认，并主动接受厨房管理人员的督导。

③　追究责任。对损坏设备及时进行维修的同时，应对设备的损坏原因进行调查、分析，对人为损坏设备的当事人应进行严格教育、重点培训，甚至要求直接责任人承担赔偿责任。

任务收获

1.回顾本任务的导入案例，东来顺既然拥有了切片机就不用再培养优秀的切肉师傅，你认为这种说法对吗？厨房的加工设备能完全取代人的操作吗？

2.通过本任务的学习，你了解了哪些厨房加工设备知识？这些加工设备在厨房中发挥了什么作用？

3.结合压面机的实战演练，请同学们选择3～4种其他厨房加工设备，试了解、分析不同型号机器的功能及操作时需要注意的事项。

任务二　厨房冷冻、冷藏设备

任务要求

了解厨房的冷冻、冷藏设备，掌握其日常保养的方法。

案例导入

小王在某酒店实习期间，有一次，改刀主管要求小王下班前将冰箱清理干净。小王将各种原料搬出冰箱后发现冰箱的内壁上有大量的结冰，掰也掰不下来。为了能早点下班，小王拿起厨刀将冰块一块块砍下来，然后擦干净箱体和内壁，最后将各种原料放回冰箱。看着内外整洁、原料堆放整齐的冰箱，小王心满意足地下班了。第二天刚上班，小王本以为会得到改刀主管的夸奖，但等来的却是厨师长的责骂。原来，为了能早点下班，在清理过程中，小王用刀进行除冰作业。在砍冰块时他根本没有注意到冰箱的冷凝管被砍了一道口子，造成了冰箱的损坏。从这件事情中你看出了什么？

一、制冷的原理

冰箱在进行工作的时候主要是通过压缩机将制冷剂（如氟利昂）压缩，压缩后的制冷剂再通过蒸发器吸热蒸发从而实现制冷的效果。制冷剂在被吸入压缩机之后经过压缩机的压缩会变成高温高压的气态制冷剂，经过压缩之后的制冷剂通过管道被输送到冷凝器中。在冷凝器中的制冷剂开始放热，通过冷凝之后，高温高压的气态制冷剂会变成低温高压的液态制冷剂。制冷剂经过冷凝之后会进入毛细管中，通过毛细管的节流减压，制冷剂的压力就会减小，最后进入蒸发器之中。蒸发器中的空间要比毛细管宽阔很多，低温低压的液态制冷剂进入蒸发器之后会迅速吸热蒸发，最终变成等温等压的气态制冷剂，之后气态制冷剂会再次被压缩机吸入压缩，继续进行制冷循环。随着制冷剂的蒸发吸热，冰箱中的温度也随之降低，最终达到了制冷的作用。（图2-15）。

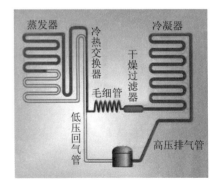

图 2-15　制冷原理

二、厨房冷冻、冷藏设备的种类

一家酒店的正常运转需要储存大量的食材，这些食材需要不同的冷冻、冷藏设备以保持原料的新鲜度。一般来说，厨房冷冻设备主要有冷冻冰箱和冷冻保藏库等，温度大多设定在 –23 ℃～ –18 ℃，主要用于较长时间保存低温冻结原料或成品。厨房冷藏设备主要有冷藏冰箱和冷藏保鲜库等，温度大多设定在 0 ℃～ 10 ℃，主要用于短时间保鲜保藏一些蔬菜、瓜果、豆制品、奶制品等原料、半成品及成品。

（一）小型冷库

冷库是根据设定，用来冷却、冻结或冷藏各类食品，并尽可能保持食品原有的营养成分、味道及色泽，防止食品腐败变质的专用制冷设备。按其冷藏或冷冻温度的高低可将冷库分为高温冷库和低温冷库。高温冷库实际上就是冷藏间，一般采用冷风机或冷却排管等形式制冷。高温冷库的库温一般为 0 ℃～ 10 ℃，主要储藏水果蔬菜、蛋类、牛奶、熟食品和啤酒等。低温冷库也就是冻结物冷藏间，制

图 2-16　小型冷库

冷形式与高温冷库相同，低温冷库的库房温度一般为 –23 ℃～ –18 ℃，主要用于储藏速冻冻结的食品，如冻肉、冻鱼、冻海鲜类、速冻饺子等，如图 2-16 所示。

（二）冷藏柜

厨房用的冷藏柜容量要比冷库小得多，但比电冰箱容积要大。冷藏柜占地不多，使用方便，是厨房冷藏少量食品的主要设备。冷藏柜多为对开门或多门型，日常用的冷藏柜按容积分，有 0.5 m³、1 m³、1.5 m³、2 m³ 和 3 m³ 等规格。冷藏柜按冷藏温度的不同分为高温柜（–5 ℃～ 5 ℃）、低温柜（–18 ℃～ –10 ℃）和结冻柜（–18 ℃以下）。因冷藏柜箱体负载较大，因此一般都用角钢和钢板焊接成箱架，箱体外壳用不锈钢板制作，如图 2-17 所示。

图 2-17　冷藏柜

（三）电冰箱

冷藏冰箱仅用于冷藏食品，它的冷藏室温度为 0 ℃～ 10 ℃。冷冻冰箱只有一个冷冻室，冰箱内的温度可以保持在 –18 ℃以下，可较长时间保存冷冻食品。冷藏冷冻冰箱是用途最广的电冰箱，它由一个结冻室和一个（或几个）冷藏室组成，既可冷藏食品又可对食品进行冷冻，有的还有速冻功能。四门冰箱如图 2-18 所示，两门冰箱如图 2-19 所示，带工作台的冰箱如图 2-20 所示。

图 2-18　四门冰箱　　　图 2-19　两门冰箱　　　图 2-20　带工作台的冰箱

（四）冷藏食品陈列柜

冷藏食品陈列柜实际上是冷藏电冰箱的一种，其特点是用特制玻璃做门，可看见内部的陈列食品。有的陈列柜四周都用玻璃，并且内有可旋转的货架。

冷藏食品陈列柜一般放在酒吧、快餐厅的公共区域，如图 2-21 所示。

图 2-21　各种冷藏食品陈列柜

（五）全自动制冰机

全自动制冰机安装完成后，自动操作，当净水流入冰冻的倾斜冰板时，水会逐渐冷却成为冰膜，当冰膜凝结到一定厚度后，恒温器会将冰层滑到低压电线的纵横网络上，此网络将融解冰块，将冰层切成冰粒，这个步骤会不断重复，直至载冰盒装满冰粒为止，这时恒温器会自动停止制冰。当冰盒内的冰粒减少时（融化或被取用），恒温器又会重新启动，恢复制冰。全自动制冰机如图 2-22 所示。

图 2-22　全自动制冰机

三、酒店冷冻、冷藏设备使用要点

（一）电源要放置平稳且电压不能过低

电冰箱应放在距墙 10 cm 以上、通风良好、不被强烈阳光照射或高温辐射的地方。电冰箱要放置平稳，防止振动。假如电源电压过低，则会使电动机的转矩减小而造成电动机难以启动。电源电压一般可在允许电压的 ±5% 内波动。

（二）严禁冰箱内久不除霜

冰箱工作一段时间后，冷冻室内外会结上一层凝霜，它像一层棉被，覆盖了冷冻室壁的吸热管，影响了管道对周围热量的吸收，所以冰箱隔一段时间就要除霜。

（三）严禁碰损管道系统

冰箱制冷管道系统长达数十米，其中有些细管外径只有 1.2 mm。拆装或搬运时不慎碰撞，都可能造成管道破损、开裂，使制冷剂泄漏或使电气系统出现故障。

（四）冷冻、冷藏设备在运行中不得频繁切断电源

如发生非正常停电（时断时续），必须切断冰箱的电源。等再来电时，不应立即接通电源，应等 5 min 后再接通，以免在制冷系统内的压力尚未平衡的情况下，强行启动，损坏机件。

（五）严禁硬捣冰箱内的冻结物品

要经常除霜，但不可用金属器具刮铲，以防损坏蒸发器。容易冻结的物品，应放置在铁架上。发生冻结现象时，如不急用可通过除霜将物品取出，如急用则可用温水毛巾局部加热，将冻结部位化开后取出。

（六）运行中的冰箱应尽量减少开门次数

无计划地频繁开箱门、开箱门的时间过长或箱门关闭不严，都会使箱内冷空气大量逸出，造成压缩机运转时间过长或不易制冷。不要在箱内温度尚未稳定时，就一次放入大量食品。否则会造成机器负载过大，使压缩机长时间工作而加速各部件的磨损，增大噪声，缩短使用寿命。电冰箱更不宜时开时停，或长期闲置不用。因重新开启电冰箱，压缩机一般要连续运转 2 小时以使箱内温度达到存放食物要求。开停次数越多，压缩机电机受冲击的次数也越多，制冷系统就越容易出故障。冰箱长期闲置不用，冷冻系统和需要润滑的部位还会发生干涩凝固，使部件之间的摩擦力增大，再使用时就很难启动，严重时还会烧毁电机。

（七）存放物品的限制

冷藏冰箱内不宜存放酸、碱和腐蚀性化学物质，不得存放挥发性大的或有怪味的物品。

知识链接

夏天冰箱门开启频繁，容易造成冰箱门附近的区域，甚至冰箱内的实际温度波动较大，没法保持设定的温度，细菌繁殖概率增加，这样存放的食物保存期往往会小于设定温度下的保存期，增加食物中毒的概率。很多人把冰箱当成储存杀菌的地方，买回来的食物一股脑放入冰箱。但是不同的食物，尤其生食和熟食非常容易交叉污染。如果熟食取出来直接食用，则有可能发生食物中毒，熟食从冰箱取出后，必须热透才能食用。为了防止食物中毒，在冰箱中存放食物时最好使

用保鲜盒，避免交叉污染。拿出的菜品最好高温加热后再食用，谨防食入细菌造成感染。

实战演练

检查冰箱故障的方法

冰箱一旦出现故障要马上报修，请专业人员维修，但是我们可以用眼睛做最简单的故障检查。

1．未通电时

（1）看冰箱的外观及内胆有无明显的损坏。

（2）看各零部件有无松动及脱落现象。

（3）看制冷系统管道是否断裂，各焊口是否有油渍，冰箱底盘是否有油污。

2．通电时

（1）看照明灯是否开门亮、关门灭。

（2）看冰箱压缩机是否能正常启动和运行。

（3）看蒸发器的结霜情况，正常时通电 5～10 min 应结霜，通电 30～40 min 蒸发器应结满霜。若不正常时，有下面几种情况。

①只结半边霜。

原因主要是：制冷系统泄漏、系统内缺少制冷剂、蒸发器内有积油、压缩机效率差。

②入口处只结一点霜。

原因主要是：制冷系统泄漏、系统内缺少制冷剂、系统发生冰堵或是脏堵。

③不结霜。

原因主要是：制冷系统泄漏（大部分是蒸发器损坏）；串气管焊堵导致制冷剂未充入系统内，或者是过滤器与毛细管焊堵，造成制冷剂无法循环。

（4）看低压回气管是否结霜。正常时应不结霜，不正常时结霜。结霜原因主要是：制冷剂充出过多。

知识链接

冰箱的除霜

人们存放食品打开冰箱时，室内空气和冰箱内气体自由交换，室内的湿空气悄悄地进入冰箱里。冰箱里存放的食品，如清洗干净的蔬菜、水果等食品中的水分蒸发，遇冷后凝结成霜。霜是不良的导体，霜覆盖在蒸发器表面，成为蒸发器与箱内食物之间的隔热层，影响蒸发器与箱内食物之间的热交换，使箱内温度降不下来，降低冰箱的制冷性能，增加耗电量，甚至使压缩机因长时间运行而发热，容易烧坏压缩机。另外，霜中存有各种食品的气味，长时间不除霜，会使冰箱发出异味，影响食物的品质。一般情况下，霜层达 5 mm 厚时，就要除霜。

有的冰箱带有自动的化霜功能，只需按一下化霜按钮，让其自动除霜就好了。但如果冰箱没有自动化霜的功效，就需要切断电源，待蒸发器上的霜层全部融化后再接通电源制冷。为加快除霜可以用传热较快的金属器皿盛满开水，放在冷冻室里面，关门。20～30 min 更换一次水，直到大部分冰霜脱落或融化。另外使用电风扇对准冷冻室开到最大挡位，也会加快霜层的融化。对一些比较难融化的地方可以用热毛巾进行热敷来定点清除。但不要用比较尖锐的金属器件，如螺丝刀、铲刀等工具除霜，这样会有戳破内胆和冷凝管的可能性，导致蒸发器损伤锈蚀，引发制冷系统内漏，造成冰箱不制冷。

除霜时要将冰箱放置在通风位置，打开门盖消散箱内异味。可以用蘸有温水（温水中可加入适量中性清洁剂）的软布，擦拭内胆、门盖、门衬、门封条和箱体四周。若门封条有黑斑污迹可用牙膏涂在门封条上用软布反复清擦，直至清除。用软布清擦外露冷凝器表面时，谨防擦破冷凝器管路，引起制冷剂泄漏。使用前，需空机运行 2～4 小时，当冰箱内温度有明显下降后，再放入需冷冻或冷藏的食品。

请同学们回家用所学的知识给你家的冰箱"洗个澡"吧！根据实际情况说一说你在冰箱除霜过程中的收获。

任务收获

通过本任务的学习，你是否知道酒店冷藏、冷冻设备有哪些？如何运用？你对学校或酒店的冷藏、冷冻设备的管理和使用有什么意见和建议？

任务三　厨房加热设备

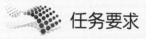

任务要求

认识和了解中餐菜肴与面点加热设备、西餐加热设备的用途，掌握各种设备的使用方法、主要功能以及设备维护的最基本方法。

任务导入

厨房加热设备使用得当，可以大大提高菜肴质量，而使用不当，会给企业造成重大损失。所以在使用设备前，必须对设备的性能、用途有很好的了解。

厨房加热设备，主要是指中、西餐及面点厨房通过各种热能对烹饪原料进行烹调、蒸、煮、烘、烤等处理使其由生到熟、由原料到成品的制作设备。

一、中餐菜肴加热设备

煤气炉具是一种以城市煤气或液化石油气为燃烧对象的灶具。它具有操作方便、安全、卫生的特点。煤气炉具形式多样，一般来说，凡是电热炉具所具有的各种加热功能，煤气炉具也都具备，可以进行烧、煮、煎、炸等各种烹调。

蒸汽炉具是利用锅炉房送出的蒸汽，或炉灶自身产生的蒸汽来加热食品的装置。蒸汽炉具构造简单，使用方便，但因蒸汽的温度高，故用蒸汽加热烹调有一定的局限性。蒸汽炉具主要用于蒸煮食物和食品保温，例如，蒸饭、蒸馒头、蒸包子、煮汤、烧开水，还可用于消毒餐具等。蒸汽炉具是蒸箱师傅们的常用工具。

（一）煤气炒炉

煤气炒炉是中餐厨师最常用的炉具。煤气炒炉火焰大，温度高，特别适合用煎、炒、熘、爆、炸等方法烹制中餐菜肴，故煤气炒炉又称中式煤气炉。具有两组煤气喷头的称为双头炒炉，具有三组煤气喷头的称为三头炒炉，还有四头炒炉等。双头炒炉如图2-23所示。

（二）汤炉

汤炉是专门炖煮汤料的炉具，分双头汤炉、四头汤炉。汤炉的隔板是平的而且是方（长方）形的，故又称平头炉。由于汤锅（桶）较高，为便于操作，汤炉比较矮，火力不大。双头汤炉如图2-24所示。

图 2-23 双头炒炉　　　　　　　　图 2-24 双头汤炉

（三）煤气油炸炉

煤气油炸炉是专门制作油炸食品的炉具，使用配套的油炸锅。油炸锅有两种：一种是普通油炸锅，也就是敞开式油炸锅；另一种是压力油炸锅，可以将食品在一定压力下油炸。油炸炉也有用电加热的，不论哪一种油炸炉，使用时要特别注意控制油温，检查温控器工作是否正常。油炸锅如图 2-25 所示。

（四）蒸汽夹层锅

蒸汽夹层锅包括两口锅，其中一口小锅装食品并套在另一口大锅中，蒸汽由管道送入大锅中，对小锅中的食品进行加热，这种锅的体积较大。蒸汽夹层锅如图 2-26 所示。

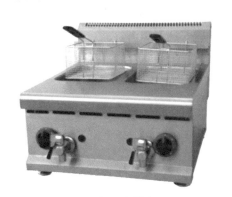

图 2-25 油炸锅　　　　　　　　图 2-26 蒸汽夹层锅

（五）蒸柜

蒸柜是一组密闭的柜子，内有蒸架，可一层一层放置蒸盘，蒸柜多用于蒸饭（当然也可以蒸菜等），故又称蒸饭柜。蒸汽可来自锅炉房，由蒸汽管送入蒸柜；也可采用燃料加热，蒸柜自身产生蒸汽，由蒸柜阀门控制蒸汽量。蒸柜如图 2-27 所示。

（六）煤气蒸炉

煤气蒸炉的结构与一般炒炉不同的是

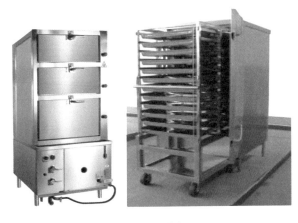

图 2-27 蒸柜

炉头上方安置了大口径锅，大锅上方安置蒸笼，利用煤气燃烧，把锅中的水烧开，产生蒸汽，将蒸笼中的点心蒸熟（也可蒸菜）。该蒸炉具有火力旺、蒸汽大、热源控制方便等特点。煤气蒸炉如图2-28所示。

（七）电磁感应灶

电磁感应灶又称电磁炉，就是利用电磁感应涡流发热的电炉。与其他的烹调灶具相比，具有热效率高、安全性好（无明火）、控温准确、清洁卫生等优点。电磁感应灶的输入功率可连续调节，使用方便，可用于煮、炒、蒸、炸等多种烹饪操作。电磁感应灶如图2-29所示。

图2-28　煤气蒸炉

图2-29　电磁感应灶

（八）电热开水器

电热开水器多为不锈钢制造，结构紧凑、使用方便。大多数电热开水器具有自动测温、控温、控水等功能，有些还具有缺水保护（发热管）装置。先进的电热开水器加装有保温增暖柜或抽斗，可兼作暖毛巾柜。电热开水器如图2-30所示。

二、西餐加热设备

（一）西式煤气平头炉

西式煤气平头炉，其构造主要由钢结构架、平头明火炉、暗火烤箱装置和煤气控制开关等构成。该炉有的还设有自动点火和温度控制等功能。具有热源强弱便于控制、使用方便、适宜于多种西餐烹调方法、易于清洁等特点，是西餐烹饪中必不可少的基本加热设备。西式煤气平头炉如图2-31所示。

图2-30　电热开水器

（二）扒炉

西餐厨房用的扒炉有电扒炉和煤气扒炉两种。电扒炉是食品直接受热煎扒的加热设备。电扒炉的电阻丝以线卷状置于不锈钢管中，不锈钢管发热器一般装在平面铁板下面，通电发热后传导给铁板，食品直接平放在平面铁板上加热烹制。电扒炉的正面装有温度调节器，可以根据需要调节温度。电扒炉主要用于煎扒肉类、海鲜类、蛋类等，也可用于制作铁板炒饭、炒面等食品，具有使用简便、省时省工、清洁卫生等特点，普遍用于西式厨房、日本铁扒烧等。煤气扒炉与电扒炉性能相似，只是安装和火力略有差别。扒炉如图 2-32 所示。

图 2-31　西式煤气平头炉

图 2-32　扒炉

（三）焗炉

焗炉是开放式的烤炉，火源在炉的上方或顶端，内部有铁架，可通过提升或降低铁架的高度控制菜肴受热程度。由于焗炉的铁架可以调节，因此被烹制的菜肴不仅颜色美观，而且成熟速度快。根据不同用途，焗炉可分为单层焗炉和其他加热功能焗炉等类型，图 2-33 所示为单层焗炉，图 2-34 为四头煮食炉连电焗炉。

（四）电温藏箱

电温藏箱既可给食品保温，又可短期防止食品变质，因为 65 ℃可防止细菌活动。电温藏箱的原理很简单，依靠箱内安装的电热线发热，由恒温器保持一定的温度，以热辐射的形式对食品保温，这种发热器称为石英管电热器。电温藏箱如图 2-35 所示。

图 2-33　单层焗炉　　　　图 2-34　四头煮食炉连电焗炉　　　图 2-35　电温藏箱

 知识链接

电温藏箱温度要适宜，一般设定为65 ℃。如果低于65 ℃，有些食品会比放在箱外腐坏更快；温度太高也不好，食品容易脱水干燥，所以建议在电温藏箱里放一些开水碟子，以增加湿度。

为防止相互串味，有异味的食品应该用食品保鲜纸包好。箱内要经常擦拭，防止细菌污染。

不可用水冲洗电温藏箱。电温藏箱电气部分不应有水，箱体的四周如同电冰箱一样，充填的保温材料也怕水。

（五）微波炉

微波炉，如图2-36所示，是一种用微波加热食品的现代化烹调灶具。微波炉使用时，将需烹调的食物盛放在微波炉内专用的盆或架子上。然后关闭炉门，接通电源。食物若是冷冻的，要解冻后才能烹调。微波炉一般设有自动解冻装置，解冻时只要按下控制板上的解冻按钮即可。烹调食物时根据食物种类的不同，调节控制板上的定时器。达到预定时间后，微波炉会自动终止烹调。

图2-36　微波炉

知识链接

微波炉维修服务前须知

如您的微波炉需要维修，请仔细阅读以下内容。

下列情况均属正常。

1.微波炉干扰电视接收

使用微波炉时，对收音机、电视机产生的干扰是高压变压器产生的电磁波引起的。此类干扰类似一些小型电器，如搅拌机、吸尘器、电风扇等引起的干扰。并非表示微波炉出现故障。

2.微波炉灯光暗弱

烹调时若以微波高火烹调，微波炉的灯光会变得暗弱，微波炉有声响产生，

这是正常现象。

3.蒸汽积聚炉门口和有热风从排气口排出

烹调时，食物会有蒸汽散发，而大部分会从排气口排出，但蒸汽会在较凉的地方如炉门上凝聚，这是正常现象。

4.未摆放食物而不慎启动

炉内未放烹调食品而短时间启动，对微波炉是不会造成损害的。但应尽量避免。

5.工作时的响声

高压变压器工作时的交流声和高速散热风扇的转动声，属正常现象。

若微波炉不能启动，请检查是否存在以下情况。

1.没有插紧电源

拔下插头，待10 s后重新插上。

2.保险丝烧断或电路断路器发生作用

重新装置保险丝或重新设定电路断路器（由专业维修人员负责修理）。

3.插座有问题

用其他电器测试插座是否有问题。

若微波炉不能加热，请检查是否是炉门未关好。

微波炉煎鸡蛋会变成"定时炸蛋"

微波炉除了可以用来热饭菜外，蒸煮食物、解冻、烧烤样样都行，但烹饪鸡蛋的时候千万要小心，甭管生的熟的，茶叶蛋卤蛋，鸡蛋只要进了微波炉，通通变成"定时炸蛋"。因为鸡蛋壳受热时会膨胀，当累积在蛋内的气体达到一定程度时，鸡蛋极易炸开。如果去掉蛋壳，是不是就可以用微波炉加热了呢？答案当然也是不能，因为蛋黄外有一层薄膜，用微波炉加热鸡蛋的时候，蛋黄内的水蒸气受热积聚，不及时排出，鸡蛋也会容易炸开。

实战演练

用汤炉炖煮汤料时，锅内不要放太多的水，以免水开后溢出锅外，将火熄灭造成煤气泄漏，引起火灾。（图2-37）

拿取食物时先关掉蒸汽手阀，以免烫伤。（图2-38）

图2-37 用汤炉炖煮汤料

请根据任务内容讲讲吊汤岗位和蒸汽岗位设备使用需要注意的事项。

图2-38　拿取食物时先关蒸汽手阀

这是一个飞速发展的时代，不断有新的设备出现，本书所列举的仅是目前厨房中比较常用的设备。请同学们在课后查一查资料，厨房中还有什么加热设备？

任务四　厨房洗涤消毒设备

任务要求

了解厨房中的各种洗涤消毒设备，掌握洗涤消毒设备的使用和保养方法。

案例导入

餐饮业对卫生相当重视。一个整洁干净的厨房才能做出干净卫生的菜肴，但是厨房的卫生是很多人比较头痛的问题。小王今天请了十来个人到家里吃饭，作为烹饪专业学生的他，买菜做菜很有一套，宴请氛围很好，大家玩得很高兴。但当朋友都走了以后，小王面对一桌的盘碗犯难了，他不禁想道："一桌人就有这么多的盘碗需要处理，酒店每天有那么多的客人就餐，餐后卫生该怎么办呢？"

洗涤消毒设备主要指配合和满足厨房生产和餐厅服务需要，餐饮企业配置的消毒、餐具保养等相关设备，包括冷热水的供应系统、排水设备、洗物盆、洗碗机、高温消毒柜等，以及洗涤垃圾处置设备和食品垃圾粉碎设备等。

一、高压喷射机

高压喷射机是一种具有多种用途的洗涤设备，能喷出高压的热水，水温可以调节并能自动加入清洁剂。这种喷射机使用灵活方便，且清洗效果较好，适合清洗排烟罩、过滤网、冷凝器以及地面、墙壁等，如图 2-39 所示。

图 2-39 高压喷射机

二、餐具消毒柜

餐具消毒柜的大小不一，常见的有直接通气式和远红外加热式两种。直接通气式使用管道将锅炉蒸汽送入柜中，因此也称蒸汽消毒柜。它没有其他加热部件，使用较方便。远红外餐具消毒柜采用远红外辐射电加热元件，具有升温迅速、一机多用等特点。消毒柜的四周一般有保温层，以减少热量损失。控制器可自动控制消毒时间，温度在 100 ℃～ 150 ℃内可随意调节。消毒柜下部有脚轮，便于移动。除了可对餐具消毒外，也可以对餐巾等物品进行消毒。使用远红外餐具消毒柜时，应先预热 5 ～ 7 min，然后放入餐具，15 min 后即可达到灭菌效果。消毒时应根据蒸汽量的大小来调整风孔，以排出柜内的蒸汽。操作时需注意：使用前外壳必须接好地线，以确保人身安全；未放餐具的空箱体不能在高温下烘烤时间过长，否则会使箱体变形；柜内的餐具应合理摆放；必须经常擦拭箱体内部，以保持清洁卫生；操作时不要撞击远红外管以免其受损。餐具清毒柜如图 2-40 所示。

三、食品垃圾粉碎器

食品垃圾粉碎器是一种现代化的厨房电器。它提供一种新的方法来处理厨房的食物垃圾。它安装在厨房水槽下面，并连接到排水管上。通过厨房的水龙头注入冷水之后，按一下按钮便开启了食物垃圾处理器。只需数秒，处理器就可以方便地将食物垃圾碾碎成细小的颗粒，这些颗粒被冲出碾碎室并进入化粪池或污水系统，如图 2-41 所示。

图 2-40　餐具消毒柜

图 2-41　食品垃圾粉碎器

知识链接

不锈钢厨房设备的洗涤方法

　　洗涤不锈钢厨房设备时注意不要划伤表面，避免使用钢丝球、研磨工具以及含有漂白成分或研磨剂的洗涤液等。为避免洗涤液残留，洗涤结束时，应用洁净的水冲洗表面。不锈钢厨房设备上的灰尘等污垢，可以用肥皂、弱洗涤剂或温水去除。不锈钢厨房设备的标签及贴膜，可用温水、弱洗涤剂来擦洗。不锈钢厨房设备上的脂肪、油、润滑油等污染，可用柔和的布或纸擦干以后用中性的洗涤剂、氨溶液或专用洗涤药品洗涤。不锈钢厨房设备上的漂白剂以及各种酸附着物应立即用水冲洗，或用氨溶液或碳酸苏打水溶液浸泡后，用中性洗涤剂或温水洗涤。若不锈钢厨房设备附着有机碳化物，要将其浸泡在热的中性洗涤剂或氨溶液中，然后用含弱盐的洗涤剂洗涤。

实战演练

如何使用洗地龙头

　　第一，将水龙头直接用水管连接在洗地龙头进水口的铜接头上，在洗地龙头的高压出水管上安装配备的高压喷枪就可以使用了，操作非常简单。（图 2-42）

　　第二，把高压出水管往需要清洗的位置拉伸，拉伸时会听到转盘咔咔的声音。咔的一声表示转盘已转动一圈。听到咔的一声时松手则可以定位，转盘不再转动。如果还需拉伸则用力把胶管往前拉，直到达到满意位置。要回收时用力往

图 2-42　洗地龙头

前拉伸听到咔咔的两声，松手转盘会自动回收，胶管也会卷回转盘上，但此时手不要完全放开，慢慢地随着转盘的回收力度把胶管回收到相应的位置并摆好。

第三，在使用过程中，只要用力把喷枪的手柄往下压，水就会喷射出来。正常的水压喷射距离为七至八米，水压越大喷射的面积越大，基本上可以达到 100 m²。喷枪的出水口分为线柱、雾状等可调样式。

知识链接

厨房清洁保养其实很简单，只要在平常烹煮三餐之后，顺手将厨房清理干净，或是定期对厨房做彻底保养并请专业公司做安检服务，如此不但可以保持厨房洁净如新，更可免除经常大扫除的困扰。以下针对厨房中各种设备的清洁保养原则做一概略介绍。

1.厨具柜体的保养

厨具柜体一般都会进行基本的防潮处理，但仍不可直接或长时间对着柜体冲水，以免板材因潮湿而损坏，故柜体表面或其他金属部件沾有水渍，也应立即用干抹布擦干。平日清洁以微湿抹布擦拭即可，若遇较难擦拭的，可以用中性清洁剂及菜瓜布轻刷。定期的保养消毒可以用漂白水与水1:1的稀释液擦拭，锅具碗盘等物品尽量擦干后再放入柜体，同时避免尖锐物品直接刮伤表面，勿用钢刷刷洗。开关门板不宜太过用力或超过开门角度（110°），铰链及其他金属部分避免水渍长期积留。

2.厨房台面的保养

台面的一般清洁用湿布即可，如有斑点可用肥皂水及中性清洁剂清洗，切忌使用化学性强的清洁剂。当遇到不好去除的污垢时不妨使用肥皂水，若为雾面台面，则可使用去污粉，用菜瓜布以画圆的方式轻轻擦拭。另外，还需特别注意不要让粗糙的化学品直接接触台面，或将热锅直接放至台面，这些动作会损坏台面表面，故应于台面上放置隔热垫以避免此种情形发生。虽然台面容易修护，但还是有些操作上应注意的事项，如切东西时应准备砧板，不要直接在台面上切食物，应预防各种损坏，以让厨具永葆如新。

3.煤气炉、油烟机的保养

煤气炉的清洁与保养，可以说是厨房设备中最困难，也是最重要的一环。平日应于使用后立即以中性清洁剂擦拭台面，以免长期积存脏污，日后清洗困难。每周将炉内感应棒擦拭干净，并定期以铁丝刷去除炉嘴炭化物，并刺通火孔。当煤气炉发生飘火或红火时，应适当调节煤气风量调节器，以免煤气外泄，同时还

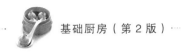

要定期检查煤气橡皮管是否松脱、龟裂或漏气。另外，煤气炉具与窗户的距离至少30 cm，避免强风吹熄炉火，煤气炉与吊柜及油烟机的安全距离为60～75 cm。

油烟机在保养或维修时需先将插头拔掉，以免触电。最好的保养方法是平日使用后以干布蘸中性清洁剂擦拭机体外壳，当集油盘或油杯达八分满时应立即倒掉以免溢出，同时定期请专业清洗公司清理，使之保持洁净并消除安全隐患。

4.厨房配件的保养

一般厨房配件的外部大都采用电镀处理，所以日常保养用湿抹布擦拭即可；若不锈钢材质出现锈斑，可用不锈钢质保养液擦拭，这样就会恢复原先光亮的模样了。另外，欲放入柜体内的锅具，应先擦干或烘干，避免水滴直接接触厨具柜体的五金件，如此便能延长五金件的使用寿命。

任务收获

通过本任务的学习，你对厨房的洗涤消毒设备有多少了解？有何感触？

任务五　厨房排烟设备

 **任务要求**

了解厨房排烟设备的使用原理，掌握厨房排烟设备的保养方法。

 **案例导入**

上海《新闻晚报》曾报道，在上海中华路67弄内，有一棵会下"油雨"的树。报道称："那棵树油光可鉴。走近一看，树底下几十平方米内尽是斑斑黑迹，踩上去有些黏糊。"经园林局专家调查，树上的油是附近火锅店厨房"喷射"出的油污。在街道办的协调下，该火锅店已进行了整改。从这起事件中我们可以发现，

餐饮企业如果没有做好油烟的处理，直接排放，会对环境造成巨大的影响。但如果不排放油烟，不仅会使厨房烟雾缭绕影响烹饪操作，而且对人体有一定的危害，特别是对厨房工作的厨师将造成严重的健康威胁。所以厨房的排烟设备是厨房的一个重要设备，要正确认识它，维护它。

一、厨房排烟设备的构成

厨房排烟设备主要指用于将厨房烹调时产生的烟气及时抽排出厨房的各类烟罩、鼓风机、净化器等。这些设备的正常运行是保证厨房空气良好的基础。

（一）排风扇

排烟设备，最简单的是排风扇。它就是一个向外吹风的电风扇。其特点是设备简单、投资少、排风效果较好，但容易污染环境，如图 2-43 所示。

图 2-43　排风扇

（二）滤网式烟罩

滤网式烟罩，投资不是很多，排气效果好，排油烟亦可，但清洗工作量大，如图 2-44 所示。

图 2-44　滤网式烟罩

（三）运水烟罩

比较先进的排烟设备是运水烟罩。运水烟罩是将厨房烹调时产生的油烟利用加有清洁剂的水过滤然后排放出去，以保持厨房空气清新，同时，也不会破坏环境，是新型环保型排烟设备，如图 2-45 所示。运水烟罩具有以下特点。

图 2-45　运水烟罩

第一，具有较高的隔油烟效果，隔油效果可达 93%，隔烟除味效果可达 55%。

第二，具有防火功能。由于有洒水系统将烟罩与排气道分离，使风喉能避免被火、热蔓延，因此防火功能强。

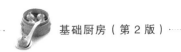

第三，运水烟罩初期投资较大，但设备配套性好；不锈钢制造，美观耐用，油污不易积聚，清洗方便，并能长期保持卫生清洁。

第四，由于有水循环系统，能有效降低炉灶及烟罩周围温度，改善厨师工作环境。

（四）油烟净化器

为了防止环境污染，酒店的油烟向外排放时会采用油烟净化设备对油烟进行处理。其工作原理是，在风机的作用下，油烟气混合污染物进入初级净化装置，采用重力惯性净化技术，室内的特殊结构逐步对大粒径污染物进行分级物理分离，分离出来的大颗粒油雾滴在自身重力的作用下流入油槽排出，剩余的小粒径污染物进入次级高压静电场。在高压静电的作用下，油污粒子被电离、分解、吸附、炭化。静电场内部分两级，第一级为电离区，强电场使微粒荷电，成为带电微粒，这些带电微粒到达第二级集尘器后立刻被收集电极吸附，且部分炭化。同时，高压静电场能有效地降解有害成分，起到消毒、除味作用。最后通过滤网格栅，洁净的空气排出室外，如图2-46所示。

图2-46　油烟净化器

二、厨房油烟机使用中的注意事项

① 必须配置三孔电源插座，其接地极必须接上可靠的接地线。

② 安装烟管出口应避免设在挡风处，以免外面强风倒灌影响烟气的排放，排烟管严禁接入热烟道。

③ 尽量减少厨房空气的对流。

④ 油烟机运行时，千万不要用手摸风扇，更不要用硬物插入。

⑤ 使用油锅时，必须有人看护，以免油锅起火，火苗被吸入机内引发火灾。

⑥ 使用压力锅煮食时，如安全阀被冲破，应及时关闭油烟机，避免喷射物被吸入机内。

知识链接

不清洗油烟机的危害

一些餐饮企业因厨房排烟系统（管道、风机、烟罩、净化器）长时间未清洗或找不到人清洗而引发火灾，造成巨大损失。（图2-47）国家消防部门和防火委员会专门出台了《关于厨房油烟管道火灾频繁发生的通报》，其中第5条明确要求厨房油烟管道的清洗每季度不得少于一次。可见，清洗油烟管道的重要性。除了火灾隐患，排油烟系统内油污的不断沉积，不但产生难闻的气味，更容易滋生细菌，危害环境健康。同时，排油烟系统内的油污沉积增大了空气流通阻力，从而需要加大风机负荷，以保证正常工作。这缩短了设备使用寿命。及时对油烟管道清洗可避免一些事故的发生，还人们一个健康清新的厨房环境。

图 2-47　油烟管道内的油垢

实战演练

油烟机清洗的工作程序

1.拆卸清洗件

首先切断油烟机电源后，把油烟机从吊装位置卸下，然后对油烟机进行解体，依次取出照明灯泡、集油盒、底面板、密封圈、叶轮，最后提出机体内芯。

2.浸泡清洗件

找一个较大的容器，倒入清洗液，将拆下的部件放置在里面浸泡。清洗液的量不要太少也不要太多，以能泡过所拆清洗件为准。大件则应用抹布蘸清洗液清洗。清洗件浸泡时间根据油污程度而定，一般 15～20 min 为宜。

3.刷洗污件

经过浸泡后的油污部件比较容易清洗。一般用铁刷、毛刷蘸清洗液进行反复清洗就可以洗干净。但油污严重的油烟机则要采取特殊清洗措施才可以清洗干净。通常采用的办法是：首先用平头铲等工具把较厚的油污铲掉，然后浸泡油污部件，再用热的火碱水对油污严重处进行刷洗，刷洗时必须戴上胶皮手套，以防止火碱烧伤皮肤。

任务收获

通过本任务的学习，你对厨房排烟设备了解了多少？为什么说运水烟罩是目前较为先进的排烟设备？

任务六　厨房设备布局

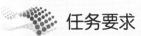

任务要求

1. 了解各作业间有哪些基本的设备。
2. 掌握厨房设备的布局方法。

案例导入

　　小王在实习期间发现所在酒店的厨房经常因为上菜速度较慢而被顾客投诉。好学的小王通过观察发现：打荷与划菜员的工作距离较长，打荷的大部分时间花在将烹制好的菜肴运送到划菜处，而很少有时间来组织菜肴的最后烹制；打荷的工作区域面积太小，工作繁忙时，打荷没有足够的工作桌面来摆放墩头传过来的待烹制菜肴，有时甚至只能将这些菜肴胡乱堆放起来，根本无法确定哪个菜先烧哪个菜后烧，从而导致先点单的菜不能保证先上。此外，厨房里的一些设备、器具布局不合理，造成厨师使用时不方便，结果使出品的质量和时间得不到保证，这些都有可能引起客人的不满和投诉。

一、设备布局的原则

（一）符合厨房生产流程的原则

　　应该按进货、验收、切配、烹调等流程依次对设备进行适当的定位。只有这样，才能保证厨房各工序顺利进行、有效衔接，防止工作流程中的交叉错位，影响工作效率。

（二）坚持生熟分开的原则

　　为了有效地防止食品加工过程中出现交叉污染事故，对熟食品的加工要做到"四专"，即专人操作、专用操作工具、专用的储藏设备和专用的消毒设施、设备。

（三）冷热分开、干湿分开的原则

　　厨房中原料加工地点必须和烹调区域分开。因为烹调区域各式炉具散发出较高的温度，对在一定范围内摆放的生、冷原料产生影响，加速原料变质，影响冷藏设备的散热、制冷功能。食品原料存放时对干、湿度要求各不相同，干货、调味类原料忌潮湿，鲜活类原料忌干燥。

（四）方便、安全的原则

　　厨房设备的布局，应该考虑方便清扫和维修。设备之间应该留有 0.3 m 左右的空隙。

厨房主要设备之间的通道不应该小于 1.6 m，工作区的通道不可窄于 1.2 m，一般通道不得窄于 0.7 m。

二、厨房设备布局类型

（一）直线型布局

直线型布局适用于分工高度明确、生产场地面积较大、相对集中的大型餐饮机构中的厨房。所有炉灶、炸锅、烤箱等加热设备均作直线型布局，通常是依墙排列，置于一个长方形的通风排气罩下，每位厨师按分工相对固定地负责某些菜肴的烹调熟制，所需设备、工具均分布在附近。（图 2-48）

图 2-48　直线型布局

（二）相背型布局

相背型布局是把主要烹调设备，如烹炒设备和蒸煮设备分别以两组的方式背靠背地组合在厨房内，中间以一矮墙相隔，置于同一抽排油烟罩下，厨师相对而站，进行操作。相背型布局适用建筑格局成方块形的厨房，厨房分工可能不一定很细，但这种布局由于设备比较集中，只使用一个通风排气罩而比较经济，但存在着厨师操作时必须多次转身取工具、原料，以及必须多走路才能使用其他设备的缺点。（图 2-49）

图 2-49　相背型布局

（三）L字形布局

通常是把煤气灶、烤炉、扒炉、烤板、炸锅、炒锅等常用设备组合在一边，把一些较大的设备组合在另一边，两边相连成一犄角，集中加热排烟。这种布局方法，通常是在厨房面积、形状不便于设备做相背型或直线型布局时使用。（图2-50）

图2-50　L字形布局

（四）U字形布局

这种布局多用于设备较多、人员较少，产品较集中的厨房部门。将工作台、冰柜以及加热设备沿四周摆放，留一出口供人员、原料进出，甚至连出品亦可开窗从窗口接递。（图2-51）

图2-51　U字形布局

以上是四种基本布局模式，由于受不同的饭店规模、生产量的大小、厨房的功能等因素的限制，布局千变万化。但是，无论怎样进行布局，都必须以方便生产、降低投资费用、提高生产率和减少员工体能消耗为出发点。

实战演练

1.观察图2-52，说说每一区域内有哪些最基本的设备。

2.课后请同学们以4～5人为一小组，参观当地两家档次、规模不一的酒店餐饮厨房，结合本任务所学知识，比较并讨论哪家的设备布局更合理，其实际运用效果如何。

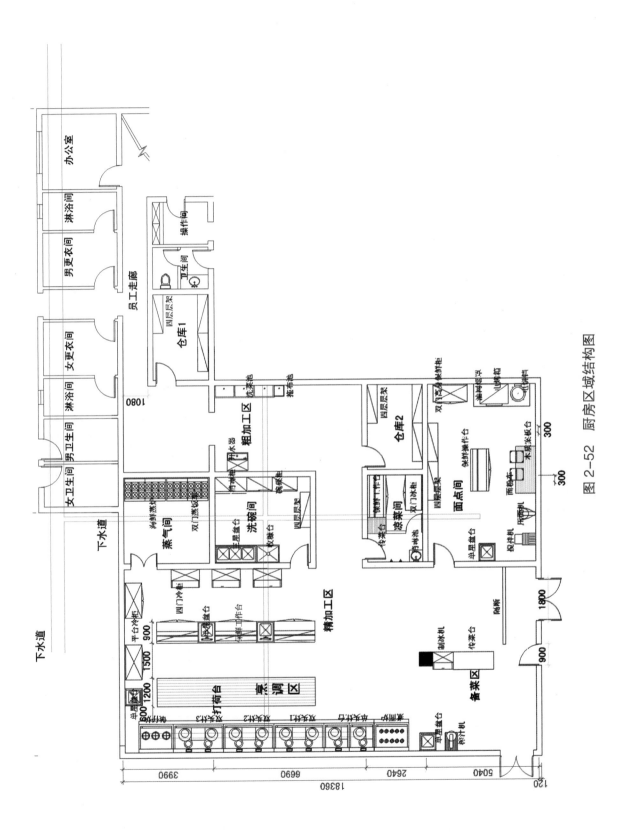

图 2-52 厨房区域结构图

通过本任务的学习，在厨房设备布局方面你收获了什么？

项目实践

　　请分别调查当地两家不同规模、档次的酒店，比较它们厨房的设备情况和布局结构，分析其在布局上的特点和优势、劣势。

项目评价

请根据你对本项目的学习情况，完成表 2-1。

表 2-1　任务完成情况汇总表

任务完成情况	任务一	任务二	任务三	任务四	任务五	任务六
圆满完成						
部分完成						
未完成						

项目三
厨房运作

✛ 项目介绍

正确的岗位设置和流畅的运作，带给餐饮企业的是效率与品质。厨房岗位设置合理、分工科学、流程运转顺畅，生产的菜肴和点心才能保质、保量，才能为餐厅的接待服务提供可靠的物质基础。

✛ 学习目标

1. 熟悉厨房生产岗位设置的原则与内容，了解厨房组织机构及人员配置等。
2. 了解厨房生产环境相关因素，能合理布局厨房环境。
3. 熟悉厨房的生产流程。
4. 掌握厨房产品质量控制与产品监控的方法。
5. 熟练掌握厨房垃圾分类知识，并能加以实践。
6. 熟悉厨房与酒店各部门的配合方法。

任务一　厨房岗位组织

任务要求

1. 熟悉厨房生产岗位设置的原则与内容。
2. 知道厨房的组织机构及不同类型厨房的组织机构图。
3. 会对中小型厨房进行组织机构的设置。

案例导入

某餐馆是一家经营了10多年杭州菜的餐馆，餐馆不大，最多能容纳200个餐位。为适应新的发展需要，餐馆准备经营农家菜，并对厨房进行了改造，对厨房人员也做了一定的调整。现请你帮助该餐馆做以下一些工作。

1. 估算这家餐馆厨房需要设置哪些岗位及厨师的人数。
2. 给这家餐馆厨房的人员配置设计一张组织机构图。

一、厨房生产岗位设置的原则

（一）满足厨房运作需要的原则

从五星级酒店厨房到小型餐厅厨房，厨房的种类和作用各有不同。我们不能以五星级酒店厨房的设置来要求小型餐饮企业，反之也是如此。否则，要么是浪费资源，要么厨房无法运作。

（二）以厨房满负荷生产为中心的原则

在人员配置上我们以满负荷生产为中心。既不能配置不足，造成超负荷工作而效率下降，也不能配置过多，造成人浮于事。这两方面都会给厨房运作带来负面影响。

（三）便于厨房运作流程的原则

在岗位设置上要充分考虑便于厨房运作流程的顺利进行。岗位间配合默契，沟通顺畅。如切配与打荷及初加工与切配的配合，都会影响到运作流程的顺利进行。

（四）便于厨房管理的原则

岗位设置同样要便于厨房管理。厨房一般以岗位来分部门，如切配部门设有切配领班或主管。有的大型餐饮企业，还分设各种类型的厨房，如宴会厨房、自助餐厨房等。各厨房又分设厨师长。通过这些方式对厨房进行管理，以确保厨房整体有序运行。

二、厨房生产岗位设置的内容

设置完善的厨房岗位，明确各岗位的基本职责，以使厨房员工明白"做什么""怎样做"。中餐厨房的岗位职责和基本技能要求见表3-1。

表3-1　中餐厨房的岗位职责和基本技能要求

岗位	职责	基本技能要求
初步加工	与配菜、上杂、打荷、冷菜、面点等岗位做好沟通协调工作，根据料单领料、验货；对鲜活原料进行初步加工；妥善保管剩余原料；清洁并整理工作区域。	1. 具备烹饪原料的品质鉴别能力。 2. 能对蔬菜、禽畜、水产品等鲜活原料进行拣择、宰杀、分档取料、清洗整理等初步加工。 3. 能对原料进行保管，并清理设施设备，以保障工作顺利进行。
配菜	与打荷、上杂、冷菜、炉台等岗位做好沟通协调工作，了解他们对原料切配的需求和要求；依菜品要求对原料进行细加工（包括做好原料腌制、上浆、配份等工作）；根据料单检查、领取当日订购原料，核准前日剩余原料；妥善保管剩余原料；清洁并整理工作区域；开列次日采购单。	1. 具备烹饪原料的品质鉴别能力。 2. 具备常用烹饪原料切制、组配、腌制、上浆的能力。 3. 具备正确使用料单、菜牌、菜单、采购单的能力。 4. 具备合理进行营养搭配的能力。 5. 能对原料进行保管，并清理设施设备，以保障工作顺利进行。
上杂	依据菜肴要求，完成基础浓汤、基础清汤的调制，完成常用动、植物性干货原料的涨发及保鲜，制作蒸制、煲制菜肴。	1. 具备调制基础浓汤、基础清汤的能力。 2. 具备涨发常见干货类原料的能力。 3. 具备正确运用蒸制、煲制菜肴的烹调技法制作菜肴的能力。
打荷	依据菜单，做好砧板厨师和炒锅厨师的衔接工作，配合炒锅厨师完成对菜品的制作，并对菜肴进行整理和装饰；准备打荷所需原料和餐具；按菜式要求对原料进行着衣处理；依据菜牌安排炒锅厨师进行菜肴制作；安排上菜顺序，完成围边装饰；划单出菜。	1. 具备制作调香原料、汁、酱、装饰原料的能力，会调制各种糊，会准备餐具；具备原料调配与预制加工的能力。 2. 具备跟单指挥能力。具备划单，安排出菜的能力。 3. 能对菜肴进行整理、装饰。 4. 能妥善保管剩余原料。
炉台	依据菜牌，运用技法完成热菜菜肴的制作。 准备设备、工具、餐具；依据菜牌调制各种汁、酱、汤、糊；按照菜品要求，对原料进行初步熟处理；将配制好的原料，按照热菜烹调技法制作菜肴。 保管开餐后的剩余原料，清理工作区域；协助厨师长领料及开列申购单。	1. 具备使用、保养炉台工作岗位设备、工具的能力，具有餐具与各种菜品合理搭配的能力。 2. 具备制作、使用调味料的能力，能根据菜品要求挂糊。 3. 能鉴别各种烹饪原料，并进行焯水、过油、走红等初步熟处理。 4. 具备运用基本烹调技法制作热菜的能力，具备对不同菜肴进行合理装盘的能力。 5. 具备对剩余原料进行妥善保管的能力。 6. 能协助厨师长开列申购单。

岗位	职责	基本技能要求
冷菜	依据菜牌，运用技法完成冷菜菜肴的制作。	1. 具备规范使用和维护所需工具、设备的能力。 2. 具备运用正确的热制冷食菜肴的方法制作冷菜的能力。 3. 具备运用正确的冷制冷食菜肴的方法制作冷菜的能力。 4. 具备制作简单食品雕刻作品的能力，具备制作拼盘、制作果盘、进行盘饰的能力。
面点	依单领料，检查、使用设备和工具；运用面点烹饪技法，通过调制面团、制作馅心、成品熟制，制作各种主食、点心、小吃；清洁工作区。	1. 能正确使用面点加工设备和工具。 2. 具备利用水调面团、膨松面团、层酥面团等制作成品的能力。

三、厨房组织机构的含义

厨房组织机构是针对餐饮企业厨房具体采用的管理组织机构的模式，围绕菜肴生产这一目标设立的专业性业务管理机构。

厨房组织机构作为一种管理机构，是一个人工系统，是由厨师长决策建立起来的群体机构。厨房组织机构不仅是管理部门，还是生产系统。

四、厨房的组织机构图

（一）小型厨房的组织机构

小型厨房全部生产管理工作由一名厨师长负责。该厨房配有若干名厨师和厨工一起完成菜肴的生产工作。（图3-1）

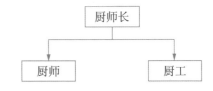

图3-1　小型厨房的组织机构

（二）中型厨房的组织机构

中型厨房因菜肴生产需要，分为若干部门。每个部门由一名领班厨师负责管理。厨房管理工作由一名厨师长负责。（图3-2）

（三）大型厨房的组织机构

大型厨房常设一名行政总厨师长，全面负责厨房生产管理工作。下设厨师长、厨房主管、厨房领班、厨房各组长、厨房各厨师等。（图3-3为简化版）

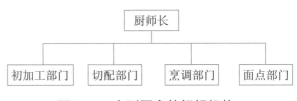

图3-2　中型厨房的组织机构

五、厨房人员的配备

（一）确定厨房人员数量的要素

厨房人员配备，因酒店规模不同，星级档次不同，出品规格要求不同，数量各异。一般受以下几方面因素的影响。

第一，厨房生产规模的大小。厨房的大小、生产能力的强弱是决定人员配备的主要因素。

第二，厨房的布局与设备情况。结构紧凑、布局合理、生产线流畅、岗位优化、设备先进等都能节省人员。

第三，菜单与产品标准要求。菜单经营品种的多少、产品制作

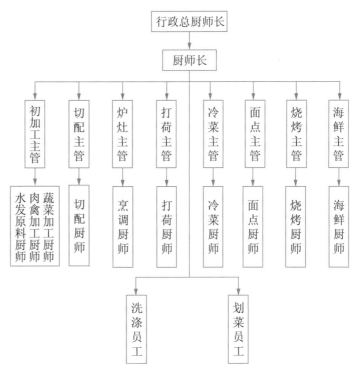

图 3-3　大型厨房的组织机构

难易程度以及出品标准要求的高低等，都影响厨房人员的配备。

第四，员工的技术水平状况。员工的技术是否全面、技术是否稳定、操作是否熟练等影响人员的配备。

第五，餐厅营业时间的长短。营业时间的长短、是否有外卖业务、厨房班次影响人员的配备。

（二）确定厨房人员数量的方法

1. 按比例确定法

按照餐位数和厨房各工种员工之间的比例确定。国外：30 ～ 50 个餐位配备 1 名厨房生产人员。国内：13 ～ 15 个餐位配备 1 名厨房生产人员。

厨房内部员工配备比例一般为：炉灶与其他岗位人员（含初加工、切配、打荷等）的配备比例为1：4，点心与冷菜工种人员的配备比例为1：1。

2. 按岗位描述确定厨房人员

将所有工作任务分解至各岗位，对每个岗位的工作进行满负荷界定，进而确定各工种岗位完成其相应任务所需要的人手，汇总为厨房用工数量。

实战演练

某餐馆是一家经营了 20 多年的四川菜餐馆，餐馆最多能容纳 160 个餐位。为

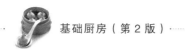

适应新的发展需要，餐馆准备经营农家菜，并对厨房进行改造，对厨房工作人员进行调整。现请你帮助该餐馆：

1.估算这家餐馆厨房需要设置的岗位及厨师人数。

2.给这家餐馆的厨房人员配置设计一张组织机构图。

提示：按一个炉灶配5个厨师，负责80个餐位计算。

需要的厨师人数为＿＿＿＿＿＿＿＿左右。

需要的岗位有：＿＿＿＿＿＿＿＿＿＿＿＿＿＿＿＿＿＿＿＿＿＿＿。

组织机构图为：

任务收获

请调查当地一家星级酒店的厨房岗位设置及组织机构，并画出其组织机构图。

任务二　厨房生产环境

任务要求

1.了解厨房面积确定的方法。

2.了解厨房通道最小宽度的确定标准。

3.了解其他对厨房环境产生影响的因素。

**案例导入**

暑假，小王联系了一家酒店，到其厨房部实习。报到时，正值中午用餐时间，小王推开厨房的门，只听见鼓风机隆隆响着，眼前烟雾缭绕，炉灶前的师傅们一

边炒菜一边擦汗，整个厨房显得拥挤而忙乱，眼前的情形让他忍不住打起了退堂鼓……

厨房生产环境是厨师工作的基础，包括厨房面积、厨房通道、厨房温度与湿度、厨房通风、厨房照明、厨房噪声、厨房区域结构等相关要素。

一、厨房面积

厨房的面积在整个餐饮面积中应有一个合适的比例。面积过小，会使厨房拥挤和闷热，不仅影响工作效率，还会影响厨师的工作情绪；面积过大，厨师工作时行走的路程就会增加，既浪费时间又耗费精力，还会增加清扫、照明、维护等费用。确定厨房面积的方法一般有以下几种。

（一）按餐座数计算厨房面积

按餐座数计算厨房面积的标准见表 3-2。

表 3-2　按餐座数计算厨房面积

餐厅类型	厨房面积（m²/餐位）	后场总面积（m²/餐位）
正餐厅	0.5 ～ 0.8	
咖啡厅	0.4 ～ 0.6	1 ～ 1.2
自助餐厅	0.5 ～ 0.7	

（二）按不同就餐人数计算厨房面积

不同就餐人数时每人所需厨房面积见表 3-3。

表 3-3　不同就餐人数时每人所需厨房面积对照表

就餐人数	平均每位用餐者所需厨房面积 /m²
100	0.697
250	0.480
500	0.460
750	0.370
1500	0.309
2000	0.279

（三）厨房各作业区面积所占比例

厨房各作业区面积所占比例见表 3-4。

表 3-4　厨房各作业区面积所占比例

各作业区名称	所占百分比 /%
炉灶区	32
点心区	15
加工区	23
配菜区	10
冷菜区	8
烧烤区	10
厨师长办公室	2

上述的面积确定方法，只是一般常规的计算法。随着社会的发展及工业化食品加工业的兴起，厨房使用的烹饪原料也逐渐从粗加工向细加工或半成品发展，由于厨房使用原料的改变，加工间面积可相对缩小。随着经济的发展，房子成本增高，经营者要想获取更大的利润，就需要扩大餐厅面积，尽量缩小厨房面积，以达到降低成本的目的。此外，由于交通的发达，原料供应丰足方便，无须大批量进货，厨房的食品仓库面积也会相对缩小。

知识链接

厨房的生产面积是指原料加工、切配、烧烤、蒸煮、烹制等操作点所需的面积。除厨房生产所需的面积外，厨房的总面积还应包括厨房工作人员使用的更衣室、卫生间，还有食品仓库、验收场所、厨师长办公室等。

二、厨房通道

合理的通道布局，可以避免厨房内人流、物流的交叉和碰撞，为确保厨房生产流程的畅通提供方便，为营造良好厨房环境提供条件。厨房通道最小宽度见表 3-5。

表 3-5　厨房通道最小宽度

通道状况		最小宽度 /mm
工作走道	1 人直立操作	450
	1 人操作（下蹲取物）	700
	2 人背向直立操作	1000
	2 人背向操作（下蹲取物）	1500
通行走道	2 人平行通过	1200
	1 人和 1 辆推车能并行通过	600+ 车宽

通道状况		最小宽度 /mm
多用走道	1 人操作，背后能通过 1 人	1200
	2 人背向直立操作，中间能通过 1 人	1500
	2 人背向操作，中间能通过 1 人	1800
	2 人背向操作，中间能通过 1 辆推车	1200+ 车宽

三、厨房温度与湿度

厨房的温度与湿度控制，是布局中必须考虑到的一个因素。闷热潮湿的环境会导致厨房人员的工作耐力下降，容易疲劳，体力消耗大，还会使员工容易暴怒。目前一些饭店会在厨房配备中央空调（一些小厨房则安装空调），使厨房的温度与湿度得到控制。厨房内的温度适宜在 20 ℃左右，湿度舒适度为 55% ～ 60%。

四、厨房通风

厨房通风主要有自然通风和机械通风两种。自然通风即依靠门窗进行换气，机械通风指利用排风设备将厨房内含有油脂异味的空气排出厨房。现代厨房通风设备流行的趋势是安装先进的运水烟罩，并配备专门的鲜风管道。需要指出的是，机械通风设备要定期清洁保养，以防发生火灾。

五、厨房照明

照明是厨房规划的重要内容，良好的厨房光线是保证菜肴质量的基础，可减少厨房工伤事故。厨房应采用照明系统来补充自然光线的不足，保证厨房有适度的光线。

六、厨房噪声

厨房规划中应采取措施控制或消除生产中的噪声，噪声应控制在 40 分贝以下。在厨房规划中，首先应选用优质和低噪声的设备，然后采取其他措施控制噪声，减少安全事故的发生，包括采用隔离噪声区、隔声屏障和消声材料，播放轻音乐等措施。

七、厨房区域结构

厨房区域结构是指根据餐饮生产的特点，合理地安排生产的先后顺序和生产的空间分布。我们将某饭店的中餐厨房区域结构图（图 3-4）加以剖析，以便更好地了解厨房区域结构的有关知识。

如图 3-4 所示，一个功能较全的厨房一般分为以下三个区域。

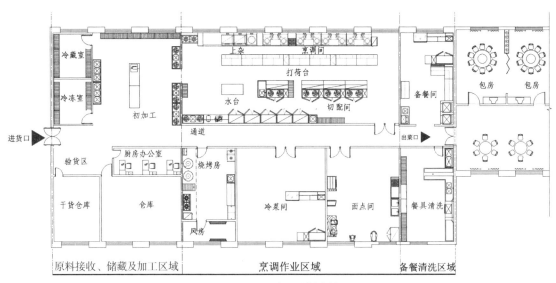

图 3-4　厨房区域结构图

（一）原料接收、储藏及加工区域

从图 3-4 可以看到该区域包括原料验货区、各类仓库、加工间等。该区域是专门负责各厨房所需原料的加工和储藏的作业区，原料经过验收后，工作人员根据原料性质、状态，将其按类别分别送入仓库、加工间或厨房。该区域布局最重要的一点就是将验收、储藏、加工安排在一条流程上。该区域中有干货仓库、冷藏室、冷冻室等食品仓库，这些仓库尽可能地靠近厨房，特别是验收处，这样不仅方便原料的储藏、领料和加工，还能缩短原料的搬运距离，提高工作效率。初加工一头靠近原料仓库，另一头靠近切配间，食品原料在加工间完成初步加工后，流向烹调间进行切配和烹调。有些饭店，厨房场地不规整，烹调多与相应餐厅在同一楼层，而加工仍多与原料接收、储藏设计在一楼的同一区域，实践证明这样的布局最有利于生产操作。

（二）烹调作业区域

烹调作业区域集中了厨房主要的技术力量和生产设备，在整个厨房生产流程中占有相当重要的地位。此区域内应包括冷菜间、面点间、切配间、烹调间，以及相应的小型冷藏室和周转库。这个区域是产品集中生产的区域，因此应设置可透视监控厨房的办公室。冷菜间、面点间、办公室应单独隔开，切配间与烹调间可以不作分隔。

（三）备餐清洗区域

该区域是介于厨房和餐厅之间的区域，布局时应包括备餐间、餐具清洗间和适当的餐具储藏间，小型厨房可以用工作台等作简单分隔。

这三个区域规模不同，是常规厨房生产必须有的部分。布局时它们既相对独立，又相互联系，合理的布局能便于厨师各司其职，分工合作。

实战演练

同学们对学校实训室的环境满意吗？如有不满意，主要表现在哪些方面，你认为该如何改进？

任务收获

回顾本任务所学知识，以小组为单位，测一测学校烹饪实训室的面积、通道、照明、噪声等是否合乎要求，在平时的实践中是否妨碍你实操学习的顺利开展。

任务三　厨房生产流程

任务要求

通过对厨房生产环节和流程的掌握，熟悉厨房生产的步骤，以便在实践中能更快、更好地进行厨房工作。

案例导入

有一天，某服务员来后厨反映：有一桌顾客投诉吃的鱼不新鲜，要求退菜并进行赔偿。经了解，该道菜确实不新鲜，但不新鲜的原料是怎么上桌的呢？原来是操作流程出了问题。那天厨房非常忙，人手不够，切配师傅就临时派了刚来不久的小王去配制这道菜。小王没有通知初加工部门宰杀活鱼，而是直接从冰箱里拿了前几天由于气泵故障而死掉的鱼，烹调的厨师在烹制前也没有进行认真查看，所以就造成了前面的一幕。怎样才能避免这样的情况出现呢？这就是我们下面要学习的重点。

一、厨房生产流程的含义

厨房生产流程是指厨房在生产加工产品的过程中，各环节的流向和程序。（图3-5）

厨房生产流程的运转是指通过一定的管理形式，使整个厨房内的产品，即菜肴和点心能保质、保量地烹制完成，为餐厅的接待服务提供可靠的物质基础。

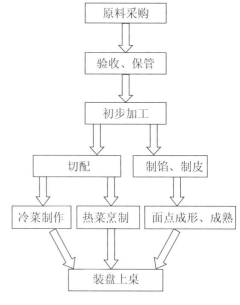

图3-5　厨房生产流程

二、厨房生产流程的环节

厨房内菜肴和点心的烹制工序，可以分别划分为几个相互紧密联系的环节。例如，菜肴烹调要经过采购、验收入库、保管、领用、初加工、配菜、烹调等几个环节。

三、厨房生产流程的管理

在生产加工的生产流程运转过程中，要特别强调环节的管理。只有加强环节管理才能使生产加工的全过程顺利地进行。加强管理，首先要搞好制度建设，要通过制度建设，明确每个环节上"做什么""怎样做"，还要十分重视环节与环节之间的衔接。在日常工作中，如果忽略这一点，则容易出差错。因为在每个岗位上，人们总能按照岗位上的要求，进行自己的工作，而岗位之间、环节之间则可能忽视一些细节。但即使是忽略一点交接或衔接的细节，都可能会出差错。在生产流程运转过程中应注意做好以下几个方面的工作。

（一）采购要保证质量

采购进来的原料必须品质优秀、价格合理、数量准确，能保证正常的业务经营需要，既不能造成仓库内积压，也不使加工生产脱节造成停业待料。采购时间要及时，根据厨房所需适时、适量购入原料，既不能过早，也不能过晚。

（二）验收必须严格

负责验收的人员一定要有责任心，本着对企业负责的精神，按照质量要求进行逐项验收，符合要求的入库，不符合的坚决拒收。验收者要严格把关，只有这样，才能防止不符合要求的原料进库，保证原料都能保质、保量地进入厨房。

（三）保管合理

原料入库后的保管是一项重要工作。保管是否得当将直接影响原料的质量，影响原料的损益，影响企业的费用支出，也影响企业的经济成本。因此，要特别注意原料的保管工作，要及时盘点库存，熟悉库存情况，合理保管原料。

（四）初加工讲究技术

初加工主要是指原料的宰杀、拆卸、涨发之类的加工过程。在加工过程中重点要以熟练的技术提高原料的出料率。出料率的高低将直接影响后继工序中的成本，是此环节管理的重点。

（五）配菜要准确

配菜虽无重要的技术要求，但在这一环节上必须十分重视对质和量的把关。"质"是指所配的原料的卫生状况，配料是否合理、正确等。"量"是指原料的用量是否符合要求。此环节把关的好坏，直接影响到菜点的成本，影响到毛利的幅度，故此环节的管理重点是要注意质和量的检查、抽查。

（六）烹调要得法

烹调厨师根据每道菜肴的菜名要求进行技术加工，按烹调方法进行操作，使每道菜肴都能达到色、香、味、形俱佳的要求。这一环节的管理重点是要求每位厨师在工作过程中充分发挥自己的特长，使烹调出来的每道菜肴都符合制作要求。通过管理还要不断地提高烹调师的技术水平。

总之，在厨房的流程管理中，既要注意技术上的要求，又要注意成本的要求，只有这样才能做好厨房的流程管理工作。

实战演练

1.请将下面这道"锅烧河鳗"的制作过程按厨房生产流程排序，并注明各环节的名称。

（　　）＿＿＿＿　　　（　　）＿＿＿＿　　　（　　）＿＿＿＿

（　　）＿＿＿＿　　　（　　）＿＿＿＿　　　（　　）＿＿＿＿

2. 请将下面这道"水晶虾饺"的制作过程按厨房生产流程排序，并注明各环节的名称。

(　　) _____　　(　　) _____　　(　　) _____

(　　) _____　　(　　) _____　　(　　) _____

任务收获

　　请通过网络和课外书籍了解宴席制作流程和菜点制作流程，以此加深对厨房流程的了解和熟悉。

任务四　厨房质量控制

任务要求

　　掌握厨房产品质量控制与产品监控的方法，确保菜点质量。

案例导入

　　小王经常看到厨房的厨师长或某个主管在厨房出菜口，对每道菜进行上桌前的检查。经过了解，小王知道这是保证菜点质量的重要手段。那他具体了解到了哪些知识呢？这些知识起到了哪些重要作用呢？我们一起来学习吧！

一、菜点质量控制的途径

质量是企业的生命线。要想让生产质量得到控制，我们必须制定相关的质量标准，并对影响菜点质量的各种因素进行分析研究和全面系统的综合控制。可以通过以下途径来控制菜点质量。

（一）制定菜点生产的操作规程和质量标准

合理的操作程序是创造优质餐饮产品的重要保证。具体的菜点质量标准，是达到优质菜点的必要条件。尤其要制定好原料的采购、加工、切配、烹调的每道工序的具体质量标准，使厨房生产的菜点保质、保量，不粗制滥造，不以次充好。

（二）提高厨房生产人员的技术水平

不断提高厨房生产人员的业务能力和技术水平，是提高厨房产品质量的关键。必须对从业人员进行多层次、多种类型、多途径的技术培训。

（三）建立菜点质量检查制度

为了确保产品质量，应成立质量检查小组，完善厨房产品质量检查制度，配备专职的质量检验人员，把住菜肴生产的质量关。对不合格的菜肴，坚决不允许出品。

二、厨房菜点质量标准

厨房产品的质量，主要由菜点品种本身的质量和产品的外围质量两方面构成。提供给顾客的菜点应无毒无害、卫生营养、芳香可口且易于消化；菜点的色、香、味、形俱佳；温度、质地适口，顾客进餐后感到满足。产品的外围质量主要指菜品的销售服务、销售态度、就餐环境给顾客进餐时带来的满足。下面我们主要了解菜点自身的质量标准。

（一）菜点的色泽

菜点的色泽是吸引顾客的第一感官标准。人们往往通过视觉对菜品品质作出第一评判。菜点的色泽是由构成菜点的烹饪原料的本色、加工烹制产生的色变以及加工烹制中对成色的调制处理和装盘搭配而形成的。

厨师在加工过程中利用火候处理使原料在加热中产生化学反应等方法来实施调色、上色处理。装盘阶段是形成菜点最终成菜色调的一个

图3-6 牡丹鸡豆花

环节。它是在装盘时利用装饰物、盛器等的色泽搭配来形成菜点成品的整体色调，如图3-6所示。现代菜肴的色泽追求自然清新、色彩鲜明，能适应不同季节、不同地域、不同审美标准的要求。

（二）菜点的气味

人们在就餐时总先闻其香味，再品尝其滋味。食物的香气对增加食欲有着巨大作用，如水煮牛肉的辛香、荷叶粉蒸鸡的清香等。人对气体的感觉程度同物体自身的温度高低有关，应重视热菜上菜的时效性，保证菜点第一时间呈现在顾客面前。（图3-7）

图3-7　荷叶粉蒸鸡

（三）菜点的滋味

人们常说的菜点滋味，通常指菜点的味型。它是指厨师运用原料的本味、调味品，通过技术调制给菜点施加的味道。菜点的滋味是菜点质量指标的核心，是中餐菜肴的灵魂。滋味是菜点入口后，对人的味觉系统发生作用并产生的感觉。菜点的味道由原料本身的滋味和菜点的味型构成。原料本身不符合要求的腥味、膻味、异味等要清除掉，而对于鲜活的原料尽量采用保留鲜美滋味的烹调办法，如清蒸鲥鱼。（图3-8）建立严格的味型标准是确立、稳定菜点滋味的重要手段。

图3-8　清蒸鲥鱼

（四）菜点的形态

菜点的形态是指构成菜点的原料的形态以及菜点的整体造型。原料自身的形态、加工的切割、成形的技法，以及成菜装盘的拼摆都直接影响到菜点的形态。

菜点如果刀工精美，整齐划一，装盘饱满，形象生动，能给就餐者美的享受，如秘制千张螺。（图3-9）热菜造型以快捷、神似为主，突出整体；冷菜的造型比热菜造型方式更多、要求更高，既要突出整体，又要讲究细节。菜点"形"的追求要把握分寸，过分精雕细刻，反复触摸摆弄，会污染菜点，或者喧宾夺主，甚至华而不实，杂乱无章。因此，在对菜点"形"的追求上，不能脱离基本的成形规则，要做到菜点规格成形的一致，建立相应的原料规格成形标准，并让员工认真执行。

图3-9　秘制千张螺

（五）菜点的质感

质感是菜肴、点心给人质地方面的印象。质感包括以下属性：韧性、弹性、胶性、黏附性、纤维性及脆性等。例如，松炸虾球的松嫩。（图3-10）菜点的质感是影响其是否被接受的一个

图3-10　松炸虾球

重要因素。任何偏离菜点可接受的特有质地，都可使其变为不合格产品。所以人们不喜欢变软的酥饼，不喜欢多筋的蔬菜，不喜欢质地变老的肉片。要建立菜点质感标准：该体现酥的质感，绝不回软；该体现嫩的质感，绝不变韧；该体现软烂的质感，绝不偏硬，真正做到从质感角度保证菜点质量。

菜点的质感一般包括酥、脆、韧、嫩、软烂、糯等。

（六）菜点的器皿

器皿是用来盛装菜点的容器。不同的菜点应选择不同的盛器。菜器配合恰当，便能使菜点与容器相映生辉，相得益彰。（图3-11）

图3-11 凤尾小笼包

选用盛器应注意以下几个方面。

第一，盛器的大小要与菜点的分量相适应、匹配，盛器应大方。

第二，各种盛器要使用得当。盛器的品种、规格、形态很多，各有各的用途，必须相互配合恰当。如用煲、蒸笼、铁板、明炉等盛器来制造特定气氛和达到保温效果。

第三，盛器色彩与菜点色彩相协调。盛器和菜点的色彩相互配合得宜，就能把菜点衬托得更加鲜艳美观，使主体更突出。

第四，保证各类餐具质量完好。如果菜点本身质量较好，却盛装在残损的餐具里，无疑菜点的总体质量将逊色很多。

因此，应根据经营的需要和餐厅的特点，确定盛器的品种和规格，创造符合经营特色、个性化的盛器系列产品，并规定与各个菜点相配的盛器，提升餐厅的企业形象，给就餐者留下良好而深刻的印象，从而增加其对菜点的正面评价。

（七）菜点的温度

菜点的温度，主要强调的是菜点出品食用时的温度。同一款菜点，同一道点心，出品食用时的温度不同，口感质量会有明显差别。例如，鱼类在经熟制出品后，热吃细嫩鲜美，冷后则腥味重，质地变粗。盐焗基围虾热吃风味独特，口感鲜嫩，冷后香味全无。（图3-12）拔丝香蕉趁热上桌食用，可拉出千丝万缕，冷后则拔不出丝来。因此，温度是菜肴质量的重要指标之一。

图3-12 盐焗基围虾

（八）菜点的卫生

良好的卫生是菜点必备的质量条件，脱离卫生谈菜点的质量无任何实际意义。菜点的卫生质量涉及以下几个方面。

第一，原料本身是否含有毒素。

第二，原料在采购加工等环节是否遭受有毒、有害物质、物品的污染。

第三，原料本身或成品是否变质。

第四，出品时菜点本身和盛器是否清洁。

三、厨房菜点质量感官评定方法

厨房生产是指对菜点等对象的加工、制作、成品的过程。厨房产品是指由厨房加工制作的各类冷菜、热菜、点心、甜品、汤羹等，其品质的好坏，直接反映了厨房生产质量、厨师技术水平的高低。加强厨房生产质量管理与品质控制，就要了解餐饮产品的质量概念及特征，努力提高厨房人员的素质，建立厨房产品质量标准，把质量控制贯穿于厨房生产活动的全过程。

对菜点进行外观、风味、质地等的鉴赏，是通过眼、耳、口、鼻和手（一般不直接用手接触，多通过筷子对菜点的取用或取夹的感觉来了解其质地）来进行的。

（一）嗅觉评定

菜点的嗅觉评定就是由人鼻腔上部的上皮嗅觉神经系统的感知来评定菜点的气味。菜点的气味来源于原料本身、调味品及烹制加工中形成的复合气味。原料本身的气味，有的是人能接受的愉快气味，有的是人不容易接受的反感气味，对后者要通过施加调味品和采取正确的加工手段来彻底清除。

（二）视觉评定

菜点的视觉评定是根据经验，通过眼睛对菜肴外部特征，如色彩、光泽、形态、造型、菜点与盛器的配合、装盘及装饰的艺术性进行鉴赏，以评定其质量的优劣。充分利用原料的天然色彩，合理搭配、恰当烹调，使菜品自然和谐，色泽诱人，刀工美观，在装盘造型上或自然大方，或优美别致，该菜点则为合格或优质品；反之，菜点原料刀工成形差，调味用料重，成品无光泽，色泽暗淡，装盘整体效果不好，不整洁卫生的菜品则为不合格品。

（三）味觉评定

味觉是人舌头表面味蕾接触刺激物产生的反应，它能够辨别酸、甜、咸、苦、鲜、麻、辣等滋味。味觉感受是一个复杂的过程，对菜点的复合味或单一味的辨别会受人自身的饮食习惯、口味习惯、地域差别、年龄差别等诸多因素的影响。所以对菜点口味的评定，不同的人有不同的评价。但餐饮企业经营菜点的风味体系的建立，一定要立足于它所追求和欲表达的菜点体系和菜点风格，并以此满足就餐目标人群的饮食、口味习惯，形成一套完整的风味标准体系。

（四）听觉评定

它主要针对一些发出声响的菜点，如铁板菜点、石锅菜点等。听觉评定菜点质量，既可发现菜点本身在温度、质地方面的效果是否符合要求，又能检查服务是否得体、及时。

（五）触觉评定

通过对菜点的咬、嚼、按、摸等，可以检查菜点的质地、温度等，从而评定菜点的质量。例如，通过对菜点的咬、嚼可以发现其酥松、老嫩程度；汤菜与舌、口腔的接触可以判断其温度是否合适。

实战演练

1. 请用视觉评定的方法对下列两道"葱油海瓜子"做出评价和比较。

图 3-13　葱油海瓜子一　　　　　　　　　　图 3-14　　葱油海瓜子二

图 3-13：＿＿＿＿＿＿＿＿＿＿＿＿＿＿＿＿＿＿＿＿＿＿＿＿＿。

图 3-14：＿＿＿＿＿＿＿＿＿＿＿＿＿＿＿＿＿＿＿＿＿＿＿＿＿。

2. 请对下列菜点的色彩、光泽、形态和装盘做出评价，填写表 3-6。

图 3-15　蓝莓山药　　图 3-16　南瓜宝塔肉　　图 3-17　苔菜江白虾　　图 3-18　柿子酥

表 3-6　评价表

菜名	色彩	光泽	形态	装盘
蓝莓山药 （冷菜，图3-15）				
南瓜宝塔肉 （热菜，图3-16）				
苔菜江白虾 （热菜，图3-17）				
柿子酥 （点心，图3-18）				

任务收获

1.准备3～5道菜，以小组的形式采用感官评价的方法来评价菜点的质量，并给出评定理由。

2.请你对本地酒店供应菜点的食用温度进行调查，并做详细记录，作为将来制作菜点的重要参考。

任务五　厨房垃圾分类

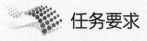 **任务要求**

熟悉厨房垃圾分类知识，并能熟练应用。

案例导入

　　小王所在的厨房正在大力推进垃圾分类工作，但在工作过程中，员工有些认识还比较模糊，如有厨师问：变质的豆腐、牛奶包装盒，都是厨房里产生的垃圾，是厨余垃圾吗？还有一些菜品点缀用的花草余料和断枝、用过的厨房用纸是厨余垃圾吗？请你在学习完本任务后告诉他们吧。

　　垃圾分类，指按一定规定或标准将垃圾分类储存、分类投放和分类搬运，从而转变成公共资源的一系列活动的总称。分类的目的是提高垃圾的资源价值和经济价值，力争物尽其用。同时，改善生活环境，形成绿色可持续发展。

　　厨余垃圾是指居民日常生活及食品加工、饮食服务、单位供餐等活动中产生的垃圾，包括丢弃不用的菜叶、剩菜、剩饭、果皮、蛋壳、茶渣、骨头等，其主要来源为家庭厨房、餐厅、饭店、食堂、市场及其他与食品加工有关的行业。

一、厨余垃圾的特点

　　①含水率高，可达 80%～95%。

　　②盐分含量高，部分地区含辣椒、醋酸高。

　　③有机物含量高，包括蛋白质、纤维素、淀粉、脂肪等。

　　④富含氮、磷、钾、钙及各种微量元素。

　　⑤存在病原菌、病原微生物。

　　⑥易腐烂、变质、发臭、滋生蚊蝇。

　　厨余垃圾经过妥善处理和加工，可转化为新的资源，高有机物含量的特点使其经过严格处理后可作为肥料，也可产生沼气用作燃料或发电，油脂部分则可用于制备生物燃料。

　　厨余垃圾应当提供给专业化处理单位进行处理，严禁将废弃食用油脂（包括地沟油）加工后作为食用油使用，严禁直接使用厨余垃圾饲养畜禽及鱼类，严禁用未经无害化处理的厨余垃圾生产肥料。

二、厨余垃圾的收集

　　厨余垃圾非法收集和回收利用会对环境和居民健康产生威胁。对厨余垃圾单独收集，可以减少进入填埋场的有机物的量，减少臭气和垃圾渗滤液的产生，也可以避免水分过多对垃圾焚烧处理造成的不利影响，降低了对设备的腐蚀。

三、厨余垃圾的运输

　　厨余垃圾的运输必须全封闭，防止滴撒、遗漏，车身要有明显标识，具有政府主管部门核发的准运证件，方可从事运输。

四、生活中的垃圾分类

　　除了厨余垃圾，我们生活中还应熟悉以下两类垃圾，并对其进行分类投放。

（一）可回收物

主要包括：废纸、废塑料、废金属、废玻璃、废包装物、废旧纺织物、废弃电器电子产品、废纸塑铝复合包装等。

（二）有害垃圾

有害垃圾指生活垃圾中的有毒有害物质，主要包括：废电池（镉镍电池、氧化汞电池、铅蓄电池等），废荧光灯管（日光灯管、节能灯等），废温度计，废血压计，废药品及其包装物，废油漆、溶剂及其包装物，废杀虫剂、消毒剂及其包装物，废胶片及废相纸等。

五、垃圾分类处理的优点

（一）减少占地

目前，我国的垃圾处理多采用卫生填埋甚至简易填埋的方式，占用上万亩土地。垃圾分类，去掉可以回收的、不易降解的物质，减少垃圾数量达60%，将大幅度降低土地占用面积，从而促进可持续发展。

（二）减少污染

生活垃圾中的有些物质不易降解，使土地受到严重侵蚀，并且虫蝇乱飞，严重污染环境。土壤中的废塑料会导致农作物减产，抛弃的废塑料若被动物误食，会导致动物死亡。垃圾分类回收利用可以减少污染危害，保障绿色发展。

（三）变废为宝

厨余垃圾每吨可生产0.3 t有机肥料；1 t废塑料可回炼600 kg的柴油；回收1500 t废纸，可免于砍伐用于生产1200 t纸的林木；1 t易拉罐熔化后能结成1 t很好的铝块，可少开采20 t铝矿。生活垃圾中有30%～40%可以回收利用，应珍惜这个小本大利的资源。

2019年6月，习近平对垃圾分类工作做出重要指示。习近平强调，实行垃圾分类，关系广大人民群众生活环境，关系节约使用资源，也是社会文明水平的一个重要体现。党的二十大报告提出，必须牢固树立和践行绿水青山就是金山银山的理念，站在人与自然和谐共生的高度谋划发展。推动经济社会发展绿色化、低碳化是实现高质量发展的关键环节。实施全面节约战略，推进各类资源节约集约利用，加快构建废弃物循环利用体系。坚持精准治污，科学治污，依法治污，坚持深入打好蓝天、碧水、净土保卫战。近年来，我国加速推行垃圾分类制度，全国垃圾分类工作由点到面、逐步启动、成效初显，46个重点城市先行先试，推进垃圾分类取得积极进展。2019年起，全国地级及以上城市全面启动生活垃圾分类工作。

实战演练

根据垃圾分类要求，在每次实操课程后，对产生的垃圾进行分类并做相应记录。

任务收获

学习完本任务，请同学们填写表 3-7。

表 3-7　垃圾种类和垃圾处理情况调查表

主要分类	厨余垃圾	可回收物	有害垃圾
分类定义			
主要种类			
处理方法			
分类好处			

任务六　厨房与酒店各部门的配合

任务要求

熟悉厨房与酒店各部门的配合方法，以便顺利开展工作。

案例导入

　　某一天晚餐时间，服务员小李正在自己负责的区域内为客人上菜。此时，坐在靠近角落的一桌客人突然很生气地大声喊起来："服务员，你们的黄鱼是不是还在海里捕捞啊，都快吃完饭了，鱼还没上来！"小李赶快到客人的餐桌边，看到客人桌上的菜只剩一点点了。她拿起点菜单，看到果然有清蒸黄鱼还未划掉。这时客人非常生气地说："不马上拿来，我们不要了，要结账了！"小李马上询问厨房才知道，今天的黄鱼不是非常新鲜，不适合做清蒸黄鱼，所以没有加工。而这个情况没有及时反馈到前台，导致了差错的产生。结果客人带着不满去收银台结账离开了，并表示今后再也不想来这里就餐了。这件事情给酒店造成了不小的影响。次日，在酒店例会上，员工们专门就此事进行了讨论……

　　顾客对酒店的认知度来源于环境、服务、菜品，这些都会受一些客观因素的影响，如原料、调料的好坏，厨房的环境、设施、设备、工具的优劣，菜品的食法是否正确等。这就需要厨房与采购部门、餐厅、工程部等部门加强沟通、通力合作，以便让顾客满意。

一、与采购部的沟通

厨房每天下采购单给采购部门，必须说明原料的规格、品牌、产地等，多与采购人员沟通，使其懂得分辨原料的质地、优劣。定期与采购部门到市场上考察原料的价格与新上市的原料；指导采购工作，力求以最佳的价格获得同质的原料，使其能把握价格与质量的关系；指导采购人员从合格的供货商那里获得原料，协助采购人员购买特殊原料。这样不但方便采购部门进行采购工作，还使厨房获得自己需要的、适宜的原料，做出让顾客满意的菜品。

二、与餐厅的沟通

现代餐饮发展越来越快，不同的客人需求也不一样。这就需要餐厅服务人员及时地将客人的需求反馈回来，以便及时调整。厨房也要将菜品情况、原料情况、烹调技巧、食用方法等及时反馈给餐厅。前、后台相互配合，才能够持续不断地提升客人对餐厅的满意程度。厨房和餐厅的沟通途径主要如下。

（一）培训餐厅服务人员

定期对餐厅服务人员进行烹饪知识培训，比如，菜品的味型、菜品的质地、菜品的色泽、菜品的气味、烹饪方法、营养价值、适用人群，乃至食用方法等的培训，对一些需要上洗手盅、调味汁的菜品加以提示。对原料进行介绍，让餐厅人员了解这些原料的基本性质、特征和上市季节等，让餐厅人员了解一种原料在本厨房中可以制作哪些菜品，便于餐厅人员进行介绍和推荐。拓宽餐厅服务人员的知识面，以便更好地宣传和推销酒店菜品，引导客人消费，当好客人的参谋。同时，通过培训也能帮助餐厅服务人员解决一些具体问题，如当客人对原料的新鲜度有疑问时，怎样向顾客解释有利于消除误解、解决矛盾等。

（二）日常信息传递

餐厅与厨房之间还要加强信息的对称传递，做到信息共享，以便第一时间为客人提供有针对性的个性化服务。

1. 餐前信息传递

厨房向餐厅提供今日可供应的菜品、特色菜推荐、重点推销、库存量等的清单，以便餐厅服务人员餐前备好餐具、用具，餐中进行有针对性的宣传和推销。餐厅及时把客人的预订信息通报给厨房，如承办单位、宴请对象、人数、有无特殊要求等，方便厨房备餐。

2. 餐中信息传递

餐厅服务人员把开餐时客人的需求变化、特殊要求、用餐进度等及时反馈至厨房，以便厨房采取有效措施，满足客人的需求。

3. 餐后信息传递

餐厅服务人员通过观察客人用餐动态和征求客人意见，把客人对菜式安排、口味、分量、价格的满意程度和合理建议反馈给厨房，以便厨房及时调整，摆脱被动的工作局面，以销定产，适应市场。

餐厅与厨房是一个不可分割的整体，缺少任何一部分或者双方配合不好，都会使酒店陷入困境。因此，要加强双方的协调、协作，厨房每周应与餐厅开一次交流会，提提意见，说说双方的看法，看看客人有哪些建议，又怎样解决等。加强相互间的认识与交流，为酒店注入生机，提高酒店的服务水平。

三、与工程部的沟通

厨房人员应多与工程部门沟通。厨房内的设施、设备、用具出现了问题，应及时通报工程部门修理，并说出故障的所在，以便工程人员修理。修理完毕，厨房人员应检查设备等是否正常、安全运行，有不当之处应及时指出，直至工程人员修好。

实战演练

分组负责校内烹饪实训室各部门岗位工作，进行模拟交流，也可以与校内其他专业，如酒店管理专业、电工电子专业等进行跨部门合作，了解相互配合的技巧。

任务收获

请分析，厨房除要与上述部门联系外，还需要与哪些部门联系。（如举行美食节活动时与酒店营销部门的关系。）

项目实践

成为一名优秀的厨师长，是每位厨师孜孜以求的。毕竟，成为厨师长在工资收入、管理水平上都将上一个台阶，意味着新生活的开始。以如何成为一名优秀的厨师长为主题，按照下面的提示，说说你心目中优秀的厨师长是什么样的。

1.出色的考勤员

2.原料验收员

3.厨房的美容师

4.严格的督导员

5.设备的保养员

6.美味制造专家

7.胸怀大志的指挥家

8.成本控制的核算员

9.宴请菜单的设计员

10.杰出的演讲家

11.员工心目中的偶像

12.安全的守护神

 项目评价

请根据你对本项目的学习情况，完成表 3-8。

表 3-8　任务完成情况汇总表

任务完成情况	任务一	任务二	任务三	任务四	任务五	任务六
圆满完成						
部分完成						
未完成						

项目四
厨房 "5S" 管理

✛ 项目介绍

  厨房管理从经验型向规范型转变的标志是厨房 "5S" 管理等现代管理制度的引进、应用和推广。中餐厨房的日常运作十分复杂，涉及千种以上的物料，员工众多。遇到繁忙的时候，难免造成混乱。直观、明确、工具化的厨房 "5S" 管理，正适应了中餐企业的实际需求。

✛ 学习目标

1. 知道厨房 "5S" 管理的相关理论知识。
2. 会对厨房进行 "5S" 管理。
3. 养成良好的个人习惯，逐步提高个人素养。

任务一 厨房整理

 任务要求

知道厨房"5S"管理的基本内容，会对厨房进行整理。

案例导入

看戏别上后台，吃饭别上厨房。不少饭店、酒楼、大排档等餐饮店，"前厅"的门面大多干净清洁、光鲜照人，而看过"后厨"的人留下的可能是不好的记忆：烟熏火燎、蒸汽高温、墙面油腻、地面湿滑、生熟食物与原料调料混合堆放、荷台上凌乱地摆着各种碗碟……

是的，在以前，无论是家庭厨房，还是酒店厨房，都可能是物品最杂、最乱的地方，其状况令人不敢恭维。特别是酒店厨房，单单原料、调料就多达上千种，管理起来十分困难。厨房"5S"管理等现代管理制度的引进、应用和推广为改善厨房的状况发挥了重要作用。

一、厨房"5S"管理的内涵

（一）厨房"5S"管理的概念

"5S"即整理（SEIRI）、整顿（SEITON）、清扫（SEISO）、清洁（SEIKETSU）和素养（SHITSUKE）。它是 20 世纪 50 年代起源于日本的一种独特的现场管理方法。在 1955 年，日本的"5S"的宣传口号为"安全始于整理，终于整顿"。也就是说，最初推行的只是前两个"S"，即整理与整顿，其目的是确保企业拥有足够的作业空间并保证其安全性。后来因为生产和品质控制的需要，又逐步提出了后三个"S"，也就是清扫、清洁和素养。

"5S"管理方法现已被广泛应用于很多国家和地区的企业当中。近年来，随着人们对这一活动认识的不断深入，有人又添加了安全、节约、效率、服务、坚持等，也就是所谓"6S""7S""8S""9S""10S"等，都是以"5S"为基础发展演变而来的。

厨房"5S"管理就是在厨房中开展以整理、整顿、清扫、清洁和素养为内容的活动。

（二）"5S"管理的核心内容

"5S"管理的核心内容见表 4-1。

表 4-1　　"5S"管理的核心内容

"5S"项目	核心内容	改善对象
整理	区分必需与非必需品，现场不放置非必需品	空间
整顿	能在 30 s 内找到要找的东西，将寻找必需品的时间减少为零	时间
清扫	将岗位保持在无垃圾、无灰尘、干净整洁的状态	设备、场所
清洁	将"整理、整顿、清扫"制度化	制度
素养	严守标准，养成良好习惯	习惯

二、"1S"——整理（物品分开处理）

在家里，我们为了使厨房变得宽敞明亮，会及时把垃圾和可能用不到的旧厨具清理出来并丢掉，这就是厨房"5S"管理里的整理。(图 4-1)

定义：区分"要"与"不要"的东西，只保留"要"的东西，对"不要"的东西进行处理。

整理是先"分开"后"处理"的意思。分开和处理是一个阶段内的两个步骤。分开是先将过期的和未过期的分开、好的和坏的分开、经常用的和不经常用的分开、采购原件和复印

图 4-1

件分开等。分开后，再考虑如何处理，如弃置、烧毁、切碎、收藏、转送、转让、廉价出售、再循环等，视物品和内容而定。

目的：节约空间，塑造整洁的厨房环境。

要领：

第一，马上要用的，暂时不用的，先把它们区别开。

第二，将需要物品的数量降到最低的程度。

第三，对可有可无的物品，应坚决地处理掉。

判别基准：

需要的物品与不需要的物品的判别基准见表 4-2。

表4-2 判别基准

需要的物品	不需要的物品
1. 正常的机器设备、电器装置。	1. 地板上：
2. 工作台、板凳、物品架。	◆废纸、杂物、油污、灰尘、烟蒂。
3. 正常使用的刀具、容器。	◆不能或不再使用的机器设备。
4. 具有使用价值的消耗用品。	◆破烂的图框、塑料箱、垃圾桶。
5. 原料、半成品、成品和样品。	◆呆滞物料或过期品。
6. 图框、防尘用品。	2. 工作台或架子上：
7. 使用中的清洁工具、用品。	◆过时的文件资料、表单记录、书报杂志。
8. 各种有用的海报、看板。	◆多余的物品、材料以及损坏的工具。
9. 有用的文件资料、表单记录、书报杂志。	◆除统一放置以外的私人物品。
10. 其他必要的私人用品。	3. 墙壁上：
	◆蜘蛛网、污渍。
	◆过期和破旧的海报、看板。
	◆破烂的意见箱、指示牌。
	◆过时的挂历、没用的挂钉。

实战演练

寻宝活动

寻宝活动就是在整理的环节中，找出无用物品，并进行彻底整理的过程。

1. 寻宝活动实施步骤

(1) 制订寻宝活动计划。

活动计划包括奖励措施、责任区域、寻宝标准、集中摆放场所和时间期限等。

(2) 实施寻宝活动。

将收集清理出的物品，统一摆放到指定的场所，同时做好以下工作。

① 对处理前的物品或状态进行拍照，以记录物品的现有状态。

② 对清理出的物品进行分类，并列出清单。清单中应记录物品的出处、数量，并提出处理意见。不用物品处理记录表见表4-3。

表4-3 不用物品处理记录表

区域：　　　　　　　　　　　　　　　　　　年　　月　　日

物品名称	规格型号	数量	处理原因	处理意见	备注

2.进行厨房寻宝活动

请按以下步骤进行厨房某一功能区域的寻宝活动。

第一步，全面检查工作场所，包括眼睛直接看到的和看不到的地方。

第二步，制定需要物品和不需要物品的判别基准，列出需要物品清单。（图 4-2、图 4-3）

图 4-2 　　　　　　　　　　　　图 4-3

第三步，清理不需要的物品。要重点清理以下物品：货架、抽屉、工具箱、操作台面、窗台、货柜顶上等摆放的杂物，过期变质的食品、调料，已损坏的工具或器皿，以及长时间不用或不能使用的设备、工具、原料、半成品等。（图 4-4、图 4-5）

图 4-4 　　　　　　　　　　　　图 4-5

第四步，制定废弃物的处理方法。

第五步，调查需要物品的使用频率进行分层管理。分层管理的原则见表 4-4。

表 4-4 　分层管理的原则

使用程度	必需的程度（使用频率）	储存法（分层管理）
低	一年内都没有使用过的物品 一年一次或每二到六个月一次	丢掉或回仓 把它保存到较远的地方
中	一个月一次 一星期一次	把它保存在厨房的一个固定位置
高	每天都要使用的物品 每小时都要使用的物品	带在身边或放在最方便取用的地方

任务收获

通过本任务的学习，请对自己学习的场所（如教室等）进行一次大检查，看看是否符合"5S"管理的要求，应用现有知识整理、改进。

任务二　厨房整顿

任务要求

知道厨房"5S"管理中整顿的基本内容，会对厨房进行整顿。

案例导入

2005年5月19日《都市快报》有这么一篇文章：《厨房重地欢迎参观——杭州餐馆流行环境管理》。文章中这么写道：

"来来来，去看看我们的厨房间。"在粤浙会餐厅，餐饮总监碰到熟悉的老客，喜欢拉着他们去参观厨房。

酒架上一格格清晰地标明酒的名称、最高存量、最低存量以及"左进""右出"的颜色标签；调料瓶上贴着"陈醋，开启时间5月10日，保质期至5月20日"的牌子；厨房里每块区域都按"叫菜停放处""待洗配菜盘"等功能划分；工具架上方还贴着每样东西摆放整齐的照片，一旦刀具等没有摆放到位可以立刻发现……在粤浙会的厨房里，这些极为注重细节的管理模式是按照一套叫作"5S"管理的体系进行的。

一、2S——整顿（三定一标志）

定义：把留下来的物品按规定位置摆放整齐，并加以标志，使物品有"名"有"家"。"名"即物品的名称，"家"即存放物品的位置。

整顿含有"三定一标志"的含义，即"定名""定量""定位"和"标志"。首先是分出同类物品并赋予适当名称。其次是知道有多少数量（如在仓库内还有哪些原料？哪些种类？每种的数量是多少？为什么要这个数量？为什么要那么多种类？）。再次是给每样物品确定位置（这些东西应该分别放在哪里？）。最后是给物品贴上标签，以确保在30 s之内找到或放好物品。

目的：使物品一目了然，方便随时取用，缩短寻找物品的时间，提高效率，消除积压、损耗。

示例：图4-6是厨房仓库里常用调味品按"整顿"要求进行摆放的实例。

所有的设施、设备均应有标签：标签的主要内容可根据具体设施、设备的不同而有所变化，如设施、设备的操作方法，设施、设备的性能（消毒柜应当达到的消毒温度、冰箱应当

图4-6

满足的冷藏或冷冻温度）等，但管理责任人及其管理职责的内容必须明示。通过设置标签，明确管理责任人和管理职责，以保证设施处于良好的有秩序的运转状态。

要领：

第一，彻底地进行整理，只留下最低限度的需要物品。

第二，物品放置位置先在稿纸上进行布局规划。

第三，规定摆放方法。

第四，采用不同色的油漆、胶带等进行区分。

二、厨房"5S"管理标志图例

在厨房"5S"管理实施过程中，工作场所内的物品及各类区域进行定量、定位，做到"有名有家"，同时，落实各岗位具体责任人是"5S"目视管理的关键环节。"5S"标签可分为三个大类，即物品标签、责任区域标签和功能间标签。以下为物品标签图例，供参考。

标签1：瓶装类物品标签如图4-7所示。

标签2：以整理箱为单位的物品标签如图4-8所示。

说明：贴于物品货架上

图4-7

图4-8

标签3：茶杯类标签如图4-9所示。

说明：贴于茶杯和茶具架上（也可用工号代替）

图4-9

标签4：常用餐具标签如图4-10所示。

餐具名称

说明：贴于保洁柜内

图4-10

实战演练

标签大行动

厨房中用到的物品种类繁多、规格复杂，需要用一定的信息来指引，这就是标签。"标签大行动"就是明确标示出所需要的东西放在哪里（场所）、什么东西（名称）、有多少（数量）等，让员工能够一目了然。

1."标签大行动"实施步骤

（1）确定放置区域。

我们应将使用频率高的物品尽量放置在离操作现场较近的地方或操作人员的视线范围之内，将使用频率低的物品放置在离操作现场较远的地方。

另外，我们要把易于搬运或拿取的物品放在肩部和腰部之间的位置，将重的物品放置在货架的下方，将不常用的物品和小的物品放在货架的上方。

（2）整顿放置区域。

确定了放置区域后，接下来我们就要把经过整理后的必需品放置到规定的区域和位置。在摆放的过程中，注意不要把物品堆放在一起。

（3）位置标签。

当人们问"把东西放在哪里"或"东西在哪里"时，这个"哪里"可用位置标签来表示，如物料仓库、面点间、切配区等。

位置的标示方法主要有以下两种：垂吊式标志牌和门牌式标志牌。

（4）品种标签。

一间仓库里往往存放着不同品种的物品，即便是物品的品种相同，规格也各有不同，这就需要品种标签。品种标签分为物品分类标签和物品名称标签两种。物品分类标签按货架上放置物品的类别来进行标示，如面粉类、调味品类等。物品名称标签可贴在放置物品的容器上或货架的横栏上，如椒盐、海鲜酱等。

（5）数量标签。

所有物品设最高、最低存量，先进先出。如大红浙醋的标签上写的内容是："最高存量10瓶，最低存量3瓶，左进右出。"

2.厨房"标签大行动"

第一步，对可存放物品的场所和物架进行统筹，画线定位。（图4-11）

第二步，将物品在规划好的地方按放置方法摆放整齐。（图4-12）

第三步，给所有物品贴上标签，使用后及时归位。（图4-13、图4-14）

图4-11

图4-12

图4-13

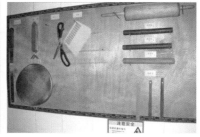

图4-14

3."标签大行动"图例

（1）瓶装类标签的制作如图4-15所示。

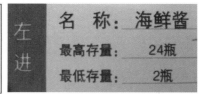

图4-15

（2）常用餐具标签的制作如图4-16所示。

图4-16

（3）茶杯类标签的制作如图4-17所示。

图4-17

（4）以整理箱为单位的物品标签的制作如图4-18所示。

图4-18

任务收获

运用所学知识，请对自己的房间进行一次整顿活动。

任务三　厨房清扫

　任务要求

知道厨房"5S"管理中清扫的基本内容，会对厨房进行清扫。

案例导入

　　上城近江海鲜美食城的某家大排档日前被上城区卫生局卫生监督所贴上了一张"笑脸"的脸谱。该大排档老板杨某颇有些自豪地对顾客说："这是因为把原先比较脏乱的厨房整改成与前厅一样整洁而奖励我的，不信你可以到厨房去参观。"

　　3S——清扫（清扫检查）的定义、目的和要领如下。

一、3S——清扫的定义

　　清除工作场所内的脏污，及时修理异常的设备，并防止污染的发生，主要包括清扫、检查与维修。

　　清扫是在进行清理垃圾的同时进行检查。不能只做表面文章，马虎了事。清扫的目的是检查。清扫工作必须由当事人做，才能达到检查的目的。尤其是负责维修、保养的人员，要更加注意在清扫设备的同时进行检查，以便及时发现隐存的问题，及时解决。

图 4-19

二、3S——清扫的目的

　　创造良好的工作环境，保证取出的物品能正常使用。（图 4-19）

二、3S——清扫的要领

　　第一，责任到人，制度上墙。

　　第二，设施和设备离地 15 cm。

　　第三，调查污染源，予以改善。

　　第四，建立清扫基准作为规范。

实战演练

1.厨房清扫的推行步骤

厨房清扫由整个组织所有成员，一起来完成。每个人都应有清扫的地方，并有每人负责清洁、整理、检查的范围。要遵循的规则不仅有"我不会使东西变脏"，还要有"我会马上清理东西"。要保证清扫工作顺利有效地进行，我们必须遵循一定的实施步骤。

第一步，建立清洁责任区。（图4—20）

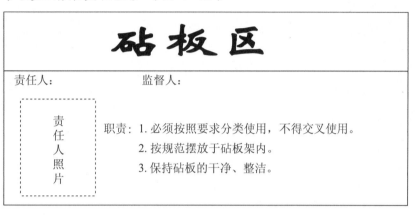

图4—20

第二步，执行例行扫除，清理污迹，包括地面、墙壁、天花板、台面、物架等地方都要清扫。（图4—21）

图4—21

第三步，调查污染源，予以改善。（图4—22）

图4—22

第四步，建立清扫的基准作为规范。（图4-23）

图4-23

2.对厨房进行"定点摄影活动"

（1）定点摄影的含义。

所谓定点摄影，就是在同样的位置、同样的高度、同样的方向，将企业不符合"5S"规定的内容拍摄下来并张贴在大家都看得到的地方，然后将改善后的效果也拍摄下来公布，以便让员工清晰地对比改善状况，了解改善进度和改善效果。定点摄影主要包含以下内容。

① 将实施"5S"前的情形与实施"5S"后的状况进行定点摄影。

② 制作海报，将照片展示出来，使大家都能看到改善情形并进行比较。

（2）定点摄影的作用。

① 定点摄影的照片可以作为各部门揭露问题和自我反省的材料。

② 改善前的现场照片能促使各个部门尽快采取解决措施，而改善后的现场照片能让员工获得成就感与满足感，形成进一步改善的动力。

（3）定点摄影的运用。

定点摄影能使企业发现许多需要改善的地方，为"5S"的持续推行提供参考依据。定点摄影的前后两张照片的不同点反映了改善前后的状况和拍摄的日期。（表4-5、表4-6）

表4-5　改善前

审核日期：_____　　　审核员/记录员：_____　　　审核地点：_____

改善前照片	不合格点的说明

表4-6 改善后

责任人：_____ 整改日期：_____

改善后照片	整改及预防措施

除了将照片贴在员工看得见的公告栏上之外，企业还应将其贴在特制的图表上，并以此为基础召开会议。（表4-7）

在"定点摄影图表"上的第一阶段（通常安排四个阶段）记下拍摄日期，贴上照片，计入评分。评分从低到高依次为1分、2分、3分、4分、5分。建议栏可以由上级填写，也可作为对员工的要求等。

表4-7 定点摄影图表

阶段	照片	摄影日期	评分	建议

任务收获

为弘扬中华传统美德，请同学们运用厨房"5S"管理中的相关知识，打扫一次自家的厨房，在打扫前和打扫后分别给厨房的重点区域拍照并上交。请将自己的感受写下来。

_____

_____

_____

任务四　厨房清洁

 **任务要求**

知道厨房"5S"管理中清洁的基本内容，会对厨房进行清洁。

案例导入

上城区卫生局卫生监督所人士说，以前检查大排档，说店家的厨房卫生差要处罚，都凭视觉判断，被罚的老板也不太服气。现在共量化为46条标准，计分100分制。上城区卫生局卫生监督所每月突击抽查两次，都以此来量化厨房卫生。

为了促进大排档店家认真改进厨房卫生，凡检查合格的店，执法人员会在店里的显眼位置挂个"笑脸"的脸谱，不合格的店家则会被挂"哭脸"，有的店甚至需要停业整顿。挂上"哭脸"的店家感到很没面子，表示要立即整改。顾客评价说，挂脸谱的办法好，让消费者知道哪家的卫生状况好。

4S——清洁（维持清洁）的定义、目的和要领如下。

一、4S——清洁的定义

清洁就是保持清扫后的状态，将整理、整顿、清扫的做法制度化、规范化，并贯彻执行及维持效果。简言之，清洁是前3个"S"的维持，只有将前3个"S"标准化才能保证"5S"的进一步推行。

清洁是整理、整顿、清扫之后的日常维持工作，即使其制度化、规范化。为厨房设备除去油垢、灰尘，这是"清扫"；"长期保持"这种状态就是"清洁"。设法找出厨房地面湿滑的原因，彻底解决，这是"清扫"，是根除不安全和脏乱的源头；对解决办法标准化，就是"清洁"。

二、4S——清洁的目的

通过制度化来维持整理、整顿、清扫的成效，养成持久有效的清洁习惯。

三、4S——清洁的要领

第一，彻底落实前面"3S"的工作。

第二，制定奖惩制度，加强执行。将整理、整顿、清扫活动制度化、规范化，定岗、定职、定标准、定操作方法，定期检查，做好考核评估。

第三，领导带头，带动全员重视"5S"活动。

第四，贯彻、执行、维持前"3S"。

第五，制定目视管理的基准。目视管理的工具主要有标签、图表、公告板、画线区分等。

厨房清洁的推行步骤如下。

1.认真落实前"3S"的工作，并维持成果

活动开始时，我们要对"清洁度"进行检查，制定详细的明细检查表，以明确清洁的状态。

检查的重点为：周围是否有不必要的东西；要用的东西是否能在30 s内找到；工作场所是否干净整洁。

（1）检查有哪些不要的东西（整理）。

① 不要物品的检查点。实施"3S"之后，员工应在身边检查是否有不要的东西并做好相关记录，可运用表格的形式进行记录。（表4-8）

表4-8　整理检查表

部门：＿＿＿＿＿＿　　检查者：＿＿＿＿＿　　日期：＿＿＿＿＿

序号	检查点	检查		对策（完成日期）
		是	否	
1	放置场所有无不用的东西			
2	通道上是否放置不要的东西			
3	栏架上下有无不用的东西			
4	设备周边有无不用的东西			
…				

检查者在现场巡视的同时做检查，"是"——有做到，"否"——没做到，如果没做到必须采取对策处理。

② 将废弃物品编制一览表并处理。处理的原则是：库存与设备是企业的资产，个人不能任意处理。我们须编制废弃存品、废弃设备一览表，并与财务部责任人协商后处理。

（2）检查物品的放置方法（整顿）。

整顿检查表见表4-9。

表4-9　整顿检查表

部门：＿＿＿＿＿＿　　检查者：＿＿＿＿＿　　日期：＿＿＿＿＿

序号	检查点	检查		对策（完成日期）
		是	否	
1	工作现场所有物品有"名"有"家"			
2	每个区域有物品分区平面图			

续表

序号	检查点	检查		对策（完成日期）
		是	否	
3	操作区域内的散装食品放入统一规格的容器			
4	任何工作人员都能在 30 s 内取到必需的物品			
…				

（3）消除灰尘、油污的检查点（清扫）。

可以运用白手套检查法，清扫检查表见表 4-10。

表 4-10　清扫检查表

序号	检查点	检查		对策（完成日期）
		是	否	
1	物品存放离地 15 cm 以上			
2	注意清扫炉灶底、柜底、柜顶等隐蔽处			
3	厨房地面无水、无油污			
4	仓库有防鼠、防潮、通风及温度计设备			
…				

同时，我们要充分利用文字、表格、照片、张贴画、宣传资料及讨论发言、大会演讲等形式，在企业内部营造浓厚的"5S"管理推行氛围和实施气氛。（图 4-24 至图 4-26）通过"整理""整顿""清扫"三个过程，达到工作现场卫生、清洁的状态，使企业的整体首先从感观上发生改变。

图 4-24

图 4-25

图 4-26

2. 分明责任区、分区落实责任人

工作场所的每一个区域都要落实责任人。（表 4-11）

表 4-11 冰箱总表

冰箱总表		
半成品	上层	
	下层	
负责人： 电话： 检查人： 电话：	备注：1. 每日清洁一次。 2. 每周五除霜一次。 3. 严禁生熟混放，物品应加盖保存。	

3. 制定目视管理、颜色管理的基准

例如，一个定位为半成品的区域，如果放置着成品，那么就是发生了"异常"，应立即进行处理。借助整顿时实施的定位、画线、标志，彻底塑造一个地面、台面、墙面、物品明朗化的工作现场，让目视管理成为现实管理中的重要手段和内容。

4. 制定检查标准及奖惩制度

表 4-12 为厨房打荷组"5S"考核检查标准，供参考。

表 4-12 厨房打荷组"5S"考核表

检查人：_____ 陪同人：_____ 检查日期：_____

岗位	内容	评分要求	分值	得分	备注
打荷组	环境卫生 40分	地面无杂物、无积水。发现一处不合格扣1分，扣完为止。	10		
		调料缸、板保持清洁，无污渍。发现一处不合格扣1分，扣完为止。	5		
		抹布保持干净、无异味。发现一处不合格扣1分，扣完为止。	5		
		设施、设备保持洁净、无油腻。发现一处不合格扣2分，扣完为止。	10		
		无卫生死角。发现一处不合格扣2分，扣完为止。	10		
	物品摆放 30分	保洁柜内餐具摆放整齐。发现一处不合格扣2分，扣完为止。	20		
		工作区域内无多余杂物。发现一处不合格扣2分，扣完为止。	10		
	食品安全 10分	调料缸每餐结束后要及时加盖。发现一次不合格扣2分，扣完为止。	10		
	标志 20分	有相对应的区域平面图、卫生责任区域及责任人。※	20		
		餐具保洁柜须有定位标志。发现一处不合格扣1分，扣完为止。	5		
		物品摆放与标志一致。发现一处不合格扣1分，扣完为止。	5		
		所有标志粘贴牢固，无脱落、损坏现象。发现一处不合格扣2分，扣完为止。	10		
打荷组总得分：					

注：1. ※ 为关键项，该项不合格则整个内容不合格。

2. 满分为100分，80分以上为合格。

制定实施标准检查表或清洁卫生检查表，相关操作人员或责任人可以对照该标准进行自查与自纠，主管领导应定期或不定期地亲自参加对"5S"实施情况的检查。对实施过程中表现优良和执行不力的及时予以奖惩。实施奖惩宜以奖励为主，惩罚为次。重点应注重营造团队氛围，倡导团队精神，提倡团队荣誉，发挥团队作用，最终实现"5S"管理的目的。

5.维持"5S"意识

坚持上班"5S"一分钟，下班前"5S"五分钟，时刻不忘"5S"。不搞突击，贵在坚持。

任务收获

参照厨房打荷组"5S"考核表，试着制定切配组、灶台组等的"5S"考核表。

任务五　厨师素养

　**任务要求**

知道厨房"5S"管理中厨师素养的基本内容，学会保持良好的行为习惯，提高自身的素养。

案例导入

某餐厅的老顾客发现餐厅里所有设备上方都贴上了一张小纸片，上面用简洁干脆的语言记录了操作步骤和设备保管人的联系方式，任何人看了都会使用该设备。这家餐厅的厨房地面雪白，没有一滴水；台面整洁，没有一片碎叶，所有指示简单明确。

这些极为注重细节的管理模式是按照一套叫作"5S"管理的体系进行的。然而，在实施"5S"管理初期，最大的困难来自员工的认识。如何令员工接受和配合这套管理方法是个难题。

"5S"——素养（保持维护）的定义、目的及要领与做法如下。

一、5S——素养的定义

素养就是以人为出发点，通过整理、整顿、清扫、清洁等合理化的改善活动，使全体员工养成遵守标准和规定的习惯，进而促使企业全面提升管理水平。

二、5S——素养的目的

培养高素质的人才，打造团队精神，创造有良好风气的工作场所。

抓管理，要始终着眼于提高人的素质。"5S"管理以整理、整顿、清扫为基础，使其制度化、规范化，使员工养成良好的素养。"5S"的关系如图4-27所示。

三、5S——素养的要领与做法

第一步，持续推动前"4S"至习惯化。

前"4S"是基本动作，也是手段和过程。这些基本动作和手段，使员工久而久之在无形中养成一种保持整洁的操作习惯。"5S"推行一段时间，基本成形后，仍须继续紧抓。若不继续抓，员工

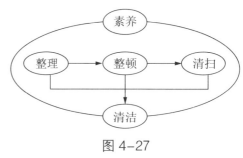

图 4-27

对"5S"的执行容易出现松懈，可能会导致"5S"管理半途而废。

第二步，制定共同遵守的规章制度并严格执行。

制定共同遵守的规章制度，有利于员工对规章制度的理解，帮助员工达到自律的最低限度的要求。规章制度的内容包括操作要点、安全卫生守则、仪容仪表、礼貌待客须知等。

第三步，加强员工教育培训。

培训分岗前培训和在岗培训两种。岗前培训就是上岗之前的培训。岗前培训的内容主要包括：①学习该岗位所需要的专业技能；②学习企业的各项规章制度；③学习待人接物的基本礼仪；④熟悉企业环境、作息时间等。在岗培训是指为了提高员工的工作技能，员工在完成工作的同时，接受的各种有针对性的培训内容，努力造就更多的高技能人才和大国工匠。

第四步，开展各种精神提升的活动。

早会。早会是一个非常好的提升员工文明礼貌素养的平台。早会有利于培养团队精神，使工保持良好的精神面貌。原则上于每天正常上班前10 min开始早会，一般控制在 5 ~ 10 min。

"5S"活动知识竞赛。企业开展"5S"活动知识竞赛，可进一步强化员工对"5S"管理的认识，营造氛围，增强部门之间的团队合作精神，对推行"5S"活动将会起到很好的促进作用。

实战演练

1.厨房人员日常"5S"实施

我们在上班前、上班时、下班前应怎样履行"5S"呢？

上班前履行的"5S"。

整理：对自己的工作场所进行全面检查，盘点需要物品的存量及预见需要量。

整顿：目测责任区域内各类物品是否落实定点定位，有"名"有"家"。

清扫：目测责任区域的环境是否整洁、明亮，随手清除掉不需要的物品。

清洁：检查所在工作场所地面、台面、墙面、物品的定位、画线、标志是否正确、清楚。

素养：自查个人卫生，自省"5S"守则。

上班时履行的"5S"。

整理：用完物品的包装物及时处理掉。

整顿：用过的物品、用具及时放回原处。

清扫：保持所在工作场所卫生、整洁，地面干净，发现脏乱现象及时清理。

清洁：经常性查看并剔除工作现场定位、画线、标志中的"异类"物品，使之及时归位。

素养：严格遵守工作岗位卫生管理制度及"5S"制度。

下班前履行的"5S"。

整理：扔掉不需要的物品或使其归位。

整顿：所有用过的物品、用具都放到各自应放的位置。

清扫：擦净自己用过的工具、物品、仪器和工作台面并清扫地面。

清洁：固定可能脱落的标志，检查整体是否保持规范，不符合的及时纠正。

素养：检查当班工作是否完成，检查服装状况和清洁度，准备明天的工作。

2.烹饪专业学生日常"5S"实施

烹饪专业学生主要通过整理、整顿、清扫、清洁等合理化的改善活动，养成遵守标准和规定的习惯，进而创造有良好风气的工作场所。在日常实训教学中，我们要遵守学校的实训制度，人人按规定行事，养成好习惯。（图4-28至图4-30）

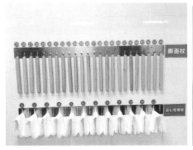

图4-28   图4-29   图4-30

任务收获

请针对我们的烹饪操作课，制定出上课前、上课时、下课前应履行的"5S"。

项目实践

实践训练一：请对自己学习场所的某一区域（如教室的抽屉、烹饪刀工室等）进行一次大检查，看看是否符合"5S"管理的要求，应用现有知识按以下步骤加以整理改进。

第一步，检查是否有长时间不用或没用的物品，有哪些。

第二步，把留下来的物品进行分类并定点定位放置。

第三步，清洁场所，保持物品、仪器、设备等处于清洁状态。

第四步，把以上操作规范化、制度化。

第五步，养成习惯。

实践训练二：对自己学校的烹饪操作室的仓库实施"5S"管理，活动前后都要拍下照片，并进行比对。

活动准备：相机、红胶带等。

活动实施：

预备：对烹饪操作室的仓库进行拍照。

第一步，整理。（将仓库里的物品区分为要与不要，并进行留与弃的处理）

第二步，把留下来的物品进行科学布局，并用红胶带画线定位。

第三步，清洁场所，保持物品、仪器、设备等处于清洁状态。

第四步，把以上操作规范化、制度化。

第五步，养成习惯。

知识链接

某酒店厨房"5S"管理检查评定标准（试用）见表4-13至表4-17。

表 4-13 整理评定标准

序号	评定项目	评定标准	分值	得分
1	物品整理	破损器皿等不需要的物品处理掉或回仓，工作现场无多余物品。	6	
2	个人物品	个人物品有序集中摆放，个人茶具、毛巾统一存放于指定位置。	4	
3	分层存放	按使用频率分低、中、高放置。	5	

表 4-14 整顿评定标准

序号	评定项目	评定标准	分值	得分
1	物品标签	所有物品都有标签且信息完整。（如最高、最低存量，左进右出等）	4	
		所有标签格式统一、牢固不易脱落。	2	
		生熟用具都有明显的区分标志或颜色。	3	
2	物品摆放	所有物品按规定位置、统一规格容器分类摆放，便于拿取。	5	
		进出库台账齐全。	2	
		所有食品不直接于地上放置。	3	
		将食品与非食品分开放置，各类物品均分类集中存放。	4	
3	作业规程	按规定进行有关食品留样，并按要求做好登记。	3	
		初加工、洗涤都按规定标志水池清洗。	2	
		烹饪操作按规定流程操作，无不当行为。	2	

表 4-15 清扫评定标准

序号	评定项目	评定标准	分值	得分
1	烹饪区域	炉灶、油烟机等无油腻，地面干净、走路不粘脚。	5	
		工作现场干净，及时清理台面。	2	
		调味品排列整齐、有序，容器表面清洁。	3	

续表

序号	评定项目	评定标准	分值	得分
2	切配区域、备菜间、初加工、下水道	切配工具及时洗清、归位。	3	
		盛放净菜的箩筐不着地堆放。	2	
		地面干净、无水渍。	2	
		废弃物桶加盖、表面清洁,垃圾当餐清运。	4	
		备菜间每天清洁,空调运转正常,温度显示25℃以下。	2	
		水池内外壁清洁,无残留物,无污垢。	2	
		下水道每天清理,无沉积污水、污物。	2	
3	除苍蝇、蚊子、老鼠等	各区域内无苍蝇、蚊子、老鼠等。	3	

表4-16　清洁评定标准

序号	评定项目	评定标准	分值	得分
1	检查标准	有完整的检查标准及定期检查记录。	5	
2	奖惩制度	奖惩制度完善,前"3S"成果明显。	5	
3	规范	操作场所清洁、规范。	5	

表4-17　素养评定标准

序号	评定项目	评定标准	分值	得分
1	遵守纪律	仪容仪表符合要求,遵守操作程序、安全卫生守则等。	5	
2	精神面貌	团结,积极向上,待客有礼。	5	

评定人员:＿＿＿＿＿＿＿＿＿　　　　　　陪同人员:＿＿＿＿＿

年　　月　　日

 项目评价

请根据你对本项目的学习情况,完成表4-18。

表4-18　任务完成情况汇总表

任务完成情况	任务一	任务二	任务三	任务四	任务五
圆满完成					
部分完成					
未完成					

项目五
厨房安全

✚ 项目介绍

　　党的二十大报告指出，"我们坚持人民至上、生命至上""保护人民生命安全和身体健康"。这些要求落实在餐饮行业中就是要筑牢安全防线。对于餐饮企业而言，拥有一个安全、稳定的经营环境，才能不断产生利润。厨房作为餐饮企业的经营重点，它的安全对于餐饮企业而言是第一位的，尤其是在酒店里，厨房里不仅有非常锋利的刀具，还有威胁着人们生命安全的煤气和火等，一旦厨房发生安全事故就很容易发展成重大事故，造成不可挽回的后果。因此，我们要长期加强厨房安全事故预防的工作。

✚ 学习目标

1. 了解安全操作规程和管理规定。
2. 了解厨房火、气、水、电等不安全使用的常见现象。
3. 掌握厨房安全事故的预防方法。

项目实施

任务一 燃料安全

任务要求

知道如何安全使用煤气，会对灶台进行安全检查。

案例导入

某市一经营海鲜的酒店，厨房内突然出现煤气供气不足的情况，相关人员立即来到放置煤气罐的储藏间查看，发现空气中弥漫着刺鼻的煤气味。随即酒店采取了人员疏散、拨打报警电话等措施。

出现这种危险情况是谁也不愿意看到的。那么，我们该如何杜绝类似情况的发生呢？

厨房是火灾事故最容易发生的地方，因此要特别加以重视。厨房是经常用火的地方，更是防火的重要地带。餐饮企业经营水平不一、燃料结构不同、厨房设施和厨房环境差异很大，通常存在液化石油气、柴油、煤气、天然气并存的情况。

一、厨房燃气泄漏的原因

第一，胶管问题致使燃气泄漏。燃气胶管是连接燃气管道和燃气用具的专用耐油胶管，根据几年来的燃气事故统计分析，因燃气胶管老化或老鼠咬破而造成的燃气泄漏事故占所有燃气事故的30%以上。分析其原因，主要有以下三点：①胶管老化龟裂。胶管超过安全使用期限导致胶管老化龟裂，造成燃气泄漏。②长时间使用燃气灶具，自然或人为地使连接胶管的两端松动造成燃气泄漏。③老鼠咬坏燃气胶管导致燃气的泄漏。

第二，点火失败，致使未燃烧的燃气泄漏。

第三，使用灶具煮饭或烧开水时，沸汤、沸水浇灭炉火或风吹灭炉火造成燃气泄漏。

第四，灶具使用完毕，忘记关火或关火后灶具阀门未关严致使燃气泄漏。

第五，管道腐蚀或燃气表、阀门、接口损坏。

第六，装修或人为地在室内管道上拉绳或悬挂物品等使管道接口松动，造成燃气从损坏或松动部位泄漏。

第七，燃气灶具的损坏致使漏气。

第八，使用燃气灶具过程中突然发生供气中断，而未及时关闭燃气阀门，重新恢复供气时造成管道燃气的泄漏。

第九，其他原因的燃气泄漏等。

知识链接

煤气和空气混合到一定比例，遇明火、电火花或达到燃点以上温度就可产生爆炸。煤气爆炸必须具备三个条件：一是煤气浓度达到一定的范围，二是受限空间，三是存在点火源。只有这三个条件同时具备，煤气才能发生爆炸。

二、厨房防火措施

第一，对厨房内的易燃气体管道、接头、仪表、阀门进行定期检查。（图5-1）

第二，使用瓶装液化石油气时，冬天不得使用明火烘烤气罐，以防发生爆炸。

第三，应指定专人负责各种灶具及煤气罐的维修与保养工作。

第四，必须制定厨房各种电器设备的使用和操作规程，并严格执行。

第五，要保持炉灶清洁，定期擦洗、保养排油烟罩，保证设备正常运转。

第六，正在使用火源的工作人员不得随意离开自己的岗位，不得粗心大意，以防发生意外。下班前，各岗位要有专人负责关闭能源阀门及开关，负责检查火是否已全部熄灭。

图5-1

第七，厨房必须备有足够的灭火设备，每名厨房员工都应知道灭火器材的摆放位置和使用方法。

知识链接

煤气是以煤为原料制取的气体燃料或气体原料。煤气是一种洁净的能源，又是合成化工的重要原料。

它是一种无色无味的气体，不易察觉。血液中血红蛋白与一氧化碳的结合能力比与氧的结合能力要强200多倍。所以，人一旦吸入一氧化碳，氧便失去了与血红蛋白结合的机会，使组织细胞无法从血液中获得足够的氧，致使呼吸困难。

发生煤气中毒后的急救措施：

第一，立即打开门窗，迅速把病人转移到通风良好、空气新鲜的地方，松解衣扣，保持呼吸道通畅，清除口鼻分泌物。如发现呼吸骤停，应立即进行人工呼吸，并做心肺复苏，同时拨打120急救电话。冬季要注意保暖。

第二，如有昏迷者，应立即拨打120急救电话。

煤气和空气混合到一定比例，遇明火、电火花或达到燃点以上温度就可产生爆炸。煤气爆炸必须具备三个条件：一是煤气浓度达到一定的范围，二是受限空间，三是存在点火源。 只有这三个条件同时具备，煤气才能发生爆炸。

不要以为在厨房间只有煤气会爆炸，如果你在明火中倒面粉也可能会引起爆炸。为什么面粉会爆炸？那是因为面粉是非常细小的粉尘颗粒，倾倒时扩散到空气中，达到一定浓度时，哪怕遇到一丝明火，都会引起爆炸。这就是所谓的"粉尘爆炸"，粉尘爆炸化学反应速度极快，具有很强的破坏力。所以切记千万别在厨房有明火的地方大量倾倒面粉以及淀粉、咖啡粉、奶粉等粉状的原料。

实战演练

1. 每天到岗的第一件事情就是检查煤气

第一步，检查煤气总阀并开启。

第二步，检查炉灶的煤气。

闻。用鼻子闻一闻，是否有煤气味。（图5-2）

看。看一看煤气橡皮管是否老化破损，一般一年要更换一次。（图5-3）

图 5-2

图 5-3

试。用洗洁精涂抹确认管道是否有泄漏现象。在皮管上抹上洗洁精，如果有漏气会有大量的气泡从皮管中漏出来。（图5-4）

图5-4

2. 晚上下班前的最后一件事情是关煤气

第一步，先关煤气阀门，等炉火熄灭。确保管道中没有留存的煤气，不会发生煤气泄漏事件。（图5-5）

第二步，关炉灶煤气开关。（图5-6）

图5-5 　　　　　　　　　　图5-6

任务收获

1. 图5-7和图5-8哪种点火方式是对的，为什么？

图 5-7   图 5-8

2. 通过本任务的学习，你对炉台安全有什么看法？懂得了什么？

任务二　油锅安全

 任务要求

了解油锅着火的原因，掌握油锅着火应采取的措施。

案例导入

某市一家餐馆起火，短短几秒的时间，火势就迅速蔓延。10分钟后，5辆消防车赶到现场进行紧急扑救，大火很快得到控制。据饭店工作人员透露，大火是厨师炒菜时锅内起火，拿水浇锅造成的。大火将该饭店厨房烧得只剩下一个空壳，所幸没有造成人员伤亡。

一、油锅着火的原因

第一，厨师在操作时，油炸食品锅内食用油若放得太满，会导致食用油溢出，遇明火后发生燃烧。

第二，厨师操作时失误，因油锅加热温度过高，引起食油自燃，或者厨师离开炉灶时间过长油锅在无人看管的情况下持续加热而发生燃烧。

第三，厨师的操作方式、方法不对，使油炸物或油喷溅，遇明火燃烧。

第四，抽油烟罩积油太多，翻炒菜品时，火苗上飘，吸入烟道引起火灾。

二、油锅着火的条件

油锅着火的条件如下。

第一，有可燃物。

第二，可燃物与氧气接触。

第三，温度达到可燃物的着火点。

酒店日常使用的植物油和动物油，都属于可燃液（固）体，这些食用油的沸点一般都超过 200 ℃，当油温超过 250 ℃时，会产生丁二烯、醛类等有害物质，严重危害人体健康，并可致癌，而在油锅被加热到 300 ℃左右的时候，油脂就会发生自燃。一般情况下大多数的植物油燃点超过 200 ℃，最高甚至超过 350 ℃，新鲜的色拉油燃点是 318 ℃，但用过后不仅颜色会变深而且燃点也会降低，各种色拉油的燃点不一定相同。

知识链接

油锅起火后严禁用水灭火。油比水轻，把水喷到油上，水不能盖在油上面，反而会沉到油层底下去，因此，用水是灭不了油锅火的。另外，水是流动的，它会浮带着燃烧的油到处乱窜，扩大燃烧的范围，增加火与空气的接触面积，火会越烧越旺。而且水碰到热油会迅速蒸发，紧接着浮起的高温油滴同空气中的氧气发生反应，形成烈焰，情况严重的可能会让整个厨房着火。所以，油脂着火时，千万不要用水来扑救，更不能将燃烧的油锅直接倾倒在排污渠中，那样将会使事态更加严重。正确的做法应该是先关火，避免因持续加温，火势加大，再根据火势情况从侧面慢慢盖上锅盖，盖灭火焰，切记不要试图移动锅。（图5-9）

没有解冻的冷冻食品也不能直接放进热油锅里，食物外层的冰会迅速变成水蒸气，让油锅立即沸腾起来。不仅锅里的食物会炸飞伤人，沸腾的油溢出来，落到燃气灶的火苗上还会起火。所以，大家在处理冷冻食物的时候，一定要解冻后吸干水分再放入锅中油炸，不然很容易造成无法控制的后果。

图5-9

三、油锅着火的处理方法

一般情况下，先关闭煤气、液化气等的阀门，然后用窒息法和冷却法灭火。

窒息法。用锅盖或者能遮住锅的大块湿布、湿麻袋，从人体处朝前倾斜着遮盖到起火的油锅上，使燃烧着的油火接触不到空气，火便会因缺氧而熄灭。（图5-10）

冷却法。如果厨房里有切好的蔬菜或其他生冷食物，可沿着锅的边缘倒入锅内，利用蔬菜、食物与着火油品的温度差，使锅里燃烧着的油品温度迅速下降，当油品温度达不到自燃点时，火就会自动熄灭。

图5-10

四、勾火与颠锅

厨师炒菜时，锅里常常有火焰冒出，出现这种情况不要紧张，它在烹调术语中叫"勾火"（图5-11）。"勾火"和"颠锅"是一气呵成的炒菜技艺。也就是，当翻勺时将翻起的菜品及汤汁里的"油雾"与火苗接触，将火引到勺里。用"勾火"的菜品多为"爆"，如爆三样、葱爆肉、火爆腰花等，这类菜需要短时间的极高温度，而且味道厚重，颜色较深。味道清淡、颜色很浅的菜不适合此技巧，否则菜品会有油烟味，而且颜色发黑。厨师炒菜的时候，因为用的是商用厨具，火大、锅厚，油温很高而且不容易降低。油较容易达到燃点燃烧。此法适合快速翻炒，因为油在锅中燃烧时间超过一两分钟以后会有以下两点害处：

图5-11

一是油烧完后，锅里的食物容易糊；二是在燃烧过程中产生一些有害物质，使口感发苦。这种方法很考验厨师的技术，家里的厨具达不到标准或者自身技术欠缺的话，最好不要轻易尝试。

任务收获

1. 油锅着火后能用图 5-12 中哪些物品来灭火？为什么？

(a)　　　　　　　　　　(b)　　　　　　　　　　(c)

(d)　　　　　　　　　　　　　　(e)

图 5-12

2. 油燃烧时的温度超过 200 ℃，且水的密度比油大，水倒入油中，水在下，油在上，水吸热达到 100 ℃后就会猛烈地飞溅，把油溅射出来会使油与空气的接触面积更大从而燃烧更剧烈，如果溅到人的身体上还容易造成烫伤！请你想想：应如何灭油锅的火呢？

3. 通过本任务的学习，你对日常操作中避免油锅发生火灾有什么建议。

任务三　外伤处理

任务要求

　　了解厨师日常工作中烫伤与割伤情况的处理，掌握油锅和蒸汽烫伤的预防和处理方法，掌握在加工操作过程中避免被刀具误伤的方法。

案例导入

　　某学校学生小吴到某酒店实习，厨师长将小吴安排到蒸笼区工作，由厨师林师傅指导小吴。某天晚上 7:00，酒店正忙得热火朝天，蒸笼区的笼屉都已经加到了五层。林师傅实在忙不过来，就让小吴将第一层蒸笼端下来，将一道广式蒸鳜鱼放在左边蒸笼的第二层。小吴一看林师傅忙着处理食材没空，就偷了一下懒，没有按林师傅说的去做，直接将第一层拉起来，端起盘子放到第二层。小吴的手刚伸进蒸笼就感觉到一阵疼痛从手上传来，小吴大叫一声，急忙从蒸笼中把手抽出来，结果手上已经红了一片。酒店工作人员急忙将小吴送到医院。在这起事故中，小吴因为一时的惰性导致了手部的烫伤。我们在实际操作中应如何做才能避免上述事件的发生呢？

一、烫伤的类型

（一）热液烫伤

　　热液烫伤特指与高温液体（常见的有水、水蒸气、食用油）接触造成的烧伤。多数情况下热液烫伤面积较小，不会造成死亡。

（二）火焰烫伤

　　火焰烫伤是另一种常见的烫伤。由于烟雾探测器的应用，火灾导致的烧伤在减少，但是在厨房事故中依然占有一定的比例，最常见的是厨师用一次性打火机伸入炉灶中点火，引起火焰烫伤事故。

（三）接触烫伤

　　接触烫伤是由于直接接触热的铁、塑料、玻璃或燃烧的煤导致的烧伤。这种烧伤范围有限，但是深度较深。厨师在工作时常发生将漏勺等工具摆放在炉火边致漏勺烧红的情况，当厨师握上时即引起接触烫伤，或者从烤箱等高温设备中取烤盘时没有用垫

布而造成接触烫伤。

二、烫伤的预防措施

（一）熟悉烹饪设备、工具，并严格按安全操作规程使用

在炉灶上操作时，应注意用具的摆放，炒锅、手勺、漏勺、铁筷等用具如果摆放不当极易被炉灶上的火焰烤烫，容易造成烫伤。

（二）安全使用烤箱等高温设备

从炉灶上或烤箱中取下热锅或烤盘前，必须事先准备好合理的位置来放置，减少与锅、盘的接触时间；事先准备好耐烫的抹布或手套。

（三）安全使用大油锅

准备将大油锅里的高温油进行过滤或更换时必须注意安全（建议戴上防烫手套）。如往大油锅内注入油加热，必须注意注入油不能太满。在使用油锅或油炸炉，特别是当油温较高时，不能有水滴入油锅，否则热油飞溅，极易烫伤人，热油冷却时应单独放置并设有一定的标志。在端离热油锅或热大锅菜时，要大声提醒其他员工注意或避开，切勿碰撞。烹制菜肴时，要正确掌握油温和操作程序，防止油温过高，原料投入过多，油溢出锅沿流入炉膛导致火焰增大，造成烧烫伤事故。

（四）定期清洗厨房设备

厨房的设备必须定期清洗，防止炉灶表面、炉头和通风管帽盖积油污，烹制加工操作规范。油炸时，先将食物沥干水分，避免水油飞溅；食物应沿锅边或贴着油面轻轻滑下，不可猛力投放，以防高温油、水溅出，烫伤身体。

（五）懂得灭火方法

厨房的环境复杂，各种物品繁杂，一旦发生火灾就很可能引发大火。所以须学会使用灭火器和其他安全装置。还要善于处理各种应急问题，如果这些问题处理不好也会引发火灾。

（六）从蒸笼内拿取食物时要小心

从蒸笼内拿取食物时，首先应关闭气阀，打开笼盖，让蒸汽散发后再使用抹布拿取，以防被热蒸汽灼伤或被盛器烫伤。

（七）禁止在炉灶及热源区域嬉戏打闹

不容许在操作间随意乱跑，以防事故发生。

三、厨房割伤的预防措施

被刀割伤是在厨房工作中员工经常遇到的伤害。预防割伤的措施有以下几个。

（一）按照安全操作规范使用刀具且妥善保管

将需切割的原料放在菜墩上，根据原料的性质和烹调的要求，选择合适的刀法，并按刀法的安全操作要求对原料进行切割。当刀具不使用时应挂放在刀架上或放在专用工具箱内，不能随意地放置在不安全的地方（如抽屉内、杂物中）。将各种形状的锋利刀具集中放在专用的盘内，并将其分别洗净，切勿将其他锋利工具沉浸在放满水的洗池内。

（二）刀具要适手，并保持刀刃的锋利

选择一把适合自己的刀具很有必要。在实际操作中，钝的刀刃比锋利的刀刃更容易引发事故，因为原料一旦滑动就易发生事故。

（三）操作时要集中注意力，使用合适的工具进行操作，谨慎使用各种切割、研磨机器

厨师在使用刀具割原料时，注意力要高度集中，下刀宜谨慎，不要与他人聊天。使用切片机、绞肉机、粉碎机时必须严格按产品使用说明操作，或指定专人负责。不得用刀来代替旋凿和开罐头，也不得用刀来撬纸板盒和纸板箱，必须使用合适的开罐工具。

（四）刀具要摆放合适

不得将刀具放在工作台边，以免掉在地上或砸在脚上；不得将刀具放在菜墩上，以免戳伤自己或他人；切配整理阶段，不要将刀口朝向自己，以免忙乱中碰上刀口；不能将刀砍在菜墩中，这样易引发安全事故。万一刀具掉落，严禁用手去接刀，应该马上躲开。

（五）操作后，要谨慎清洁刀口，清洗设备前须切断电源

擦刀具时将布折叠到一定厚度，从刀具中间部分向外侧刀口擦，动作要慢，要小心。清洗电动设备，如切割机、绞肉机、打浆机、压面机等设备前，必须将电源切断，按产品说明拆卸清洗。

（六）禁止拿着锋利的工具打闹

厨房员工不得拿着锋利的工具打闹。

知识链接

发生烧烫伤时我们该如何处理

烧烫伤发生后可进行以下措施进行急救。

冲。以流动的自来水冲洗烧烫伤处或将烧烫伤处浸泡在凉水中，以达到让皮肤快速降温的目的，不可把冰块直接放在伤口上，以免使皮肤组织受伤。

脱。充分泡湿伤口后小心除去衣物，可用剪刀剪开衣物，并保留有粘连的部分。有水泡时千万不要弄破。

泡。继续浸泡于凉水中至少30分钟，可减轻疼痛。烧伤面积大则不要浸泡太久，以免体温下降过度造成休克，而延误治疗时机。严重者应尽快送医院。

盖。用干净的毛絮较少的床单、布单或纱布覆盖，不要随意涂上外用药或用偏方，以免伤口感染。

当事故发生且特别严重时，要及时送医院治疗，以防伤势加重。

实战演练

请同学们动手试试用纸板为你心爱的刀具做一个刀鞘。（图5-13）这样携带过程中既安全又能够很好地隔绝水汽，更利于刀的保养。

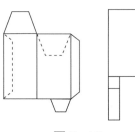

图5-13

在行走过程中要注意携带刀具的姿势。（图5-14）

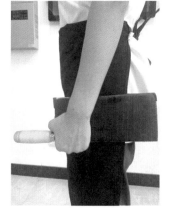

图5-14

与人交会时要将刀具放于胸前，以免在擦肩而过时误伤他人。（图5-15）

图5-15

任务收获

1.水在达到沸点 100 ℃以后，就开始发生汽化产生水蒸气，水的温度是有限的，而水蒸气的温度则高得多。一般水蒸气的温度主要与压强相关，如在 1 atm 下，温度为 100 ℃；1.2 atm 下，温度为 120 ℃左右。根据临界温度，水蒸气不能超过 384 ℃，在此温度以上，已经不可能是蒸汽，而是气体了。为了防止蒸汽烫伤事故的发生，图 5-16 和图 5-17 中的打开方式哪种正确？请说说这种打开方式的优点。

图 5-16　　　　　图 5-17

2.当用油炸炉进行油炸操作时，操作失误常常会引起热油溅起发生烫伤事故，图 5-18 和图 5-19 中哪种投料动作正确？为什么？

图 5-18　　　　　图 5-19

3.通过本任务的学习，你对在使用蒸笼和油炸炉过程中避免烫伤事故的发生有什么建议？

4.食品雕刻是烹饪专业的一门专业技能课程，学好这门课需要反复大量的练习，很多同学会将雕刻刀随身携带，图5-20中哪种携带方法正确？为什么？

(a) 放胸口口袋中

(b) 放裤子侧面口袋中

(c) 放在专业的雕刻包中

图 5-20

5.通过本任务的学习，你对日常刀具安全使用中避免割伤事故的发生有什么建议？

6.请同学们想一想，日常操作中教师要求大家的操作姿势：操作时人与操作台距离10 cm，菜墩与桌边距离10 cm，双脚分开与肩同宽，身体前倾，头部处于刀的正上方，右手持刀，左手弓曲成虚拳状，用中指第一指节抵刀。（图5-21）这些要求到底是为了什么？

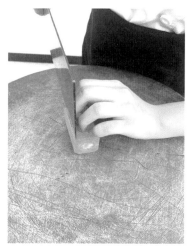

图 5-21

任务四　电器安全

 **任务要求**

　　了解电器安全事故发生的原因，能在日常工作和实际操作中有意识地避免电器安全事故。

案例导入

　　一家饭店的厨房中厨师正在忙碌地炒菜，突然听到"砰砰"几声，厨房电器冒出火花，将厨房内有油渍的地方迅速引燃。经消防人员1个多小时的扑救，将大火彻底扑灭。后经消防部门初步排查，起火原因是饭店用电量严重超负荷，造成电源短路，从而引发火灾。

一、三相电和两相电区别

　　外观：从外观上看，三相电比两相电多两根火线。（图 5-22）

　　电压：电压等级不同，三相电为 380 V，两相电为 220 V。

用途：三相电多用于厨房和食品工厂中的大型设备，如多功能搅拌机、大型酥皮机、大型压面机、大型打浆机等；两相电多用于家庭，如照明灯、家用电器、小型设备等。

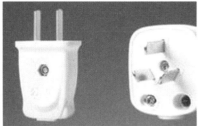

(a) 三相电的插头　　　　　　　　　　(b) 两相电的插头

图 5-22

二、厨房安全用电常识

（一）严禁湿手操作电器，开关要有保护措施

湿手不得接触电器和电器装置，否则易触电，电灯开关最好使用拉线开关。煤气储存室的开关要有特殊的保护措施。

（二）不可用铜丝代替保险丝

当电器短路时，会先将保险丝烧断。如果因为怕麻烦而用铜丝代替保险丝，这样万一发生短路就易引起电器起火。因为铜丝熔点高，不易熔断，起不到保护电路的作用，应选用适宜的保险丝。

（三）灯头应使用螺口式，并加装安全罩

厨房的油烟较大，常常会有油污积累，使用螺口式的灯头并加安全罩是有效防止油污堆积引起短路的方法。

（四）电器用完后要关掉开关并拔下插头

电饭煲、电炒锅、电磁炉等可移动的电器，用完后除关掉开关外，还应将插头拔下，以防开关失灵。因为长时间通电会损坏电器，造成火灾。

三、厨房电器设备事故预防措施

电气设备事故主要由员工违反安全操作规程或设备出现故障而引起。其主要预防措施如下。

第一，使用电气设备前，首先要了解其安全操作规程，并按规程去操作，严禁违章野蛮操作。

第二，在使用设备过程中如发现有冒烟、焦味、电火花等异常现象，应立即停止使用，申报维修，不得强行继续使用。

第三，操作厨师必须熟悉电气设备，学会正确拆除、组装和使用各种电气设备。但厨房员工不得随意拆卸、更换设备内的零部件和线路。

第四，清洁设备前首先要切断电源。操作厨师在清洁任何电气设备时，必须先拔下

电源插头。手上沾有油或水时，不要触摸电源插头、开关等部件，以防电击伤人。

第五，进行预防性保养。酒店应有一名有能力检测各种电气设备线路和开关等的合格电工，以便在正常情况下开展预防性保养。

第六，厨房内所有的电气设备，必须有安全的接地线。

第七，已磨损露出电线的电线包线，切勿继续使用。要使用防油、防水包线。

第八，避免电路超载。未经许可，不得任意加粗保险丝。

实战演练

绞肉机、打浆机等各种机械在使用后必须先拔下电源插头再拆卸保养。（图5-23）

图 5-23

在确认已经断电后，再对机械拆洗保养。（图 5-24）

图 5-24

任务收获

1. 对打浆机清洗保养正确的是图5-25还是图5-26？为什么？

图5-25

图5-26

2. 通过本任务的学习，你对日常电器的安全使用有什么建议？在使用、清洁、保养过程中我们应如何做？

任务五　食品安全

 **任务要求**

了解如何确保食品的安全性。

案例导入

　　三对新人在某酒店举行婚礼，邀请亲朋好友一起来见证他们的爱情。但万万没想到，在宴会结束后，参加宴会的宾客出现腹痛、腹泻的不适症状。卫生部门确认这是一起食物中毒事件，并高度怀疑是一种叫副溶血弧菌的细菌污染引发这起食物中毒事件。副溶血弧菌是一种致病性嗜盐菌，在有盐的环境下生长，在海产品污染中多见，也可通过共用容器及操作人员的手等传染。它的繁殖速度非常快，但它不耐热，对酸也很敏感，一般情况下以 75 ℃的温度烹调 5 min 就可杀灭。

　　在这起事件中，如果厨师能够认真地执行各种相关规定，重视对各种食材的处理，严格按照要求烹调、加工、储存就不会发生这样的事故。它不仅给消费者带来了生理上的痛苦，还给酒店的名誉带来了不可挽回的损失。

　　食用安全的食物是每一个人都拥有的权利。厨师工作的目的是为人们提供可以安全食用的各种美食。作为厨师，一定要坚守职业道德，树立为客人提供安全、卫生食品的信念。

一、如何鉴别变质的食物

　　在导致食物中毒的因素中，吃了变质的食物是最常见的因素之一。我们很多时候会把食物放到冰箱里，很多人认为这样做可以保证食物不变质。但是事实上，冰箱的保质能力是有限的，并且很多时候，冰冻后的食品往往会掩盖其变质的味道。那么，我们如何发现变质的食物呢？

（一）看

　　水果蔬菜：湿软、黏滑的果蔬应立即扔掉。打蔫的绿色蔬菜只是有些脱水，但仍然可以食用，最好烧汤。

　　肉类：牛排、卤肉等熟制的肉制品保质期过后，切勿食用。冷冻肉类保存时间较长，但是解冻后不宜再次冷冻。另外，出现黏滑或怪味的肉类也应立即扔掉。

　　鱼类：如果鱼肉已让冰箱里充满怪味，应立即扔掉。

　　奶制品：牛奶较容易判断是否变质，如果牛奶已有酸味，必须扔掉。此外，牛奶结块或结片也是变质的征兆。奶油、乳酪较难判断是否变质，应在保质期内食用，打开包装后应尽早用完。

（二）闻

1.酸臭味

　　含碳水化合物的食物，如粮食、蔬菜、水果、糖类及其制品等变质后很容易产生酸

臭味。碳水化合物会在微生物或酶的作用下发酵变酸。米饭发馊、糕点变酸、水果腐烂就属于这类变质现象。

2. 霉味

受到霉菌污染的食物在温暖、潮湿的环境下通常会发霉变质。霉菌通常在含碳水化合物的食物上容易生长。粮食上最易生霉菌，所以存放粮食时一定要保持通风，以防霉菌生长。

3. 腐臭味

含蛋白质的食物腐败变质，主要以蛋白质的分解为特征，产生腐臭味。常见的例子是鱼肉、鸡蛋、豆腐、豆腐干等食物变质产生腐臭味。

4. 哈喇味

哈喇味是脂肪变质产生的。食物中的脂肪通常容易被氧化，产生一系列的化学反应，氧化后的油脂是酸败的产物，有怪味。常见的肥肉由白色变黄就属于这类反应，食用油储存不当或储存时间过长也容易发生这类变质，产生哈喇味。

知识链接

冷藏室上层适宜储存熟肉、咸肉、酸奶及硬奶酪等。未开封的肉食应在保存期之前食用。一旦启封，熟肉只能保存3～5天；咸肉、硬奶酪可保存15天。冷藏室下层可储存需要快速加热的食物，如煮好的鸡蛋、鱼肉等。另外，容易冻伤的不带叶的蔬菜和水果也最好储存于此。

二、食品用具清洗消毒制度

第一，食品用具、容器、包装材料应当安全、无害，保持清洁，防止食品污染，并符合保障食品安全所需的温度等特殊要求。

第二，食品用具要定期清洗、消毒。

第三，食品用具要由专人保管，不混用、不乱用。

第四，食品冷藏、冷冻工具应定期保洁、洗刷、消毒，专人负责、专人管理。

第五，对食品用具清洗、消毒的情况应定期检查、不定期抽查，对不符合食品安全标准要求的用具及时更换。

三、食品卫生"五四"制度

1. 由原料到成品实行"四不"制度

采购员不进、保管员不收、食品加工员不做、服务员不卖腐败变质的食物。

2. 成品存放实行"四隔离"

生熟隔离，成品与半成品隔离，食品与杂物、药物隔离，食品与天然冰隔离。

3. 用（食）具实行"四过关"

一洗、二刷、三冲、四消毒。

4. 环境卫生采取"四定"办法

定人、定物、定时间、定质量。划片分工，包工负责。

5. 个人卫生做到"四勤"

勤洗手剪指甲，勤洗澡理发，勤洗衣服、被子，勤洗工作服。

四、一次性手套使用过程中的卫生要求

厨房的冷菜间操作的菜品都是可以直接使用的熟食或果蔬，很多明档岗位不仅直接熟制而且直接面对客人。为了更好地确保徒手操作过程中的食品卫生问题，一般要求厨师佩戴一次性手套操作，其使用过程中有如下要求。

第一，已经戴好一次性手套的手，不要抓拿或触摸已经装袋的熟食品和熟食品的遮盖物。已经装袋的熟食品，其包装外层已被污染；熟食品的遮盖物，其外层已经被污染。

第二，不可以用正在制作或包装食品的戴手套的手去挠痒、擦汗、整理衣物、抚摸或抓拿食品之外的任何物品。如果已触摸身体某部位或者其他物品，需更换手套。

第三，不可在制作或者包装一种食品的同时，兼做其他事情。兼做其他事情时，手套已触摸其他物品，再次进行食品制作或装袋工作时，应更换新的手套。

第四，收款找零，应摘下手套操作。未摘手套操作后，在开始接触食品之前，需更换手套。

第五，手扶摊车或者食品台休息，要摘下手套。否则，再次接触食品前，需更换手套。

第六，生熟食品要分开使用一次性手套。熟食品包括凉调食品，以及 100 ℃以下的半加工半熟食品。生食品是需要加工食用的食品。同一手套不可同时用于熟食品和生食品。

知识链接

厨房日常使用的工具要经常进行清洗消毒，很多厨师磨好一把刀后用纸巾将刀擦干就立即在工作中使用，其实这样的专业工具应先洗净再消毒后才能使用。

1. 物理消毒法

煮沸、蒸汽消毒保持 100 ℃的温度 10 min 以上。这是厨房中最常用的一种消毒方法。

2. 使用化学消毒剂消毒

一般使用含氯消毒剂消毒，餐具和工具全部浸泡入液体中。用化学消毒剂消毒后的餐饮具应当用净水冲去表面残留的消毒剂。

实战演练

我们每天进厨房第一件事情就是洗手，可是你会洗手吗？你知道洗手的正确步骤吗？

第一步，将手打湿，取少许洗洁精在手中搓出泡。（图 5-27）

第二步，洗手掌。（图 5-28）

图 5-27

图 5-28

第三步，洗手背。（图 5-29）

第四步，洗指甲、指尖。（图 5-30）

图 5-29

图 5-30

第五步，洗指缝。（图 5-31）

第六步，用水冲洗干净。（图 5-32）

图 5-31

图 5-32

1. 图 5-33 和图 5-34 是两位同学在制作抹茶蛋糕时的现场照片，请问哪位同学的卫生意识比较强？为什么？从这点出发，我们以后在厨房的哪些岗位工作时要特别注重个人卫生？

图 5-33　　　　　　　　图 5-34

2. 通过本任务的学习，你对日常加工原料的食品安全有什么建议？

任务六　安全制度管理

 任务要求

知道为什么要制定安全制度，学会制定一份适合餐饮企业特点的安全管理制度。

一、如何制定适合餐饮企业自身的管理制度

制定管理制度最重要的就是要认识各种管理制度和管理方法，了解各种制度产生的背景，深入研究各种制度适用的条件，不应先入为主。管理方法一定要适合餐饮企业的环境。即使在同一餐饮企业内部，对不同部门的员工有时也要采用不同的管理方法。管理制度有时间性，饭店的情况常随时间的推移而变化，管理制度和方法必须因时、因地、因人而变。

餐饮企业一般采用的管理方法有：组织图表、工作种类、工作规范、工作时间表等。

（一）组织图表

组织图表说明了岗位和职责的基本分类和关系，是组织形式的结构图，但其有某些局限性，如各层次的职权范围和职责相同的两个职员之间的非直线关系或不同部门职员之间的间接关系皆不明显。由于这个原因，各种工作描述和组织手册成为对组织图表的重要补充说明。

（二）工作种类

工作种类是反映从业人员所需技能和职位、职责的说明，对员工的定向培训，对工作完成情况的评估，对制定工资等级，对确定职权和职责的范围都有帮助。工作种类说明包括鉴定数据、工作概要、职责和要求。

（三）工作规范

工作规范是陈述一项工作要达到的标准。它包括工作责任、工作条件、任职资格等。

（四）工作时间表

工作时间表是员工要完成的工作的内涵，附有工作过程说明和时间要求，是经理与员工交流的一种方式。有三种基本的工作时间表，即个人时间表、日常时间表和组织时间表。工作时间表的内容包括：姓名、工作时间、职务、受谁监督、由谁换班、休息日、用餐时间、休息时间、各段时间要做的工作内容等。

现代厨房已不像过去那样只有一个房间。它已拓展为若干个房间（工作区域）：制作热菜区、供应区、制作冷菜区、制作面包与糕点区；有利于洗涤各种餐具的洗槽、储藏设备和存货的仓库；有办公室、更衣室及刷洗室等。

厨房的工作就是加工制作食品。如果食品不能吃，那就没有意义了；烹调的食品必须具有诱人的特点，如令人愉快的味道、香气和外观。要使厨房能够顺利、有效、安全运作，就必须将厨房设计好、布置好。一般来说，厨房并不是一个安静的地方，它常常处于紧张的气氛之下。这种气氛是由于员工在营业期间工作忙而造成的。即使有现代空调设备，厨房也很热。如果一个厨房设计不好或管理不善，那么就会出现忙乱、噪声、闷热的场面。这就是要将厨房不同的工作分开并划分成若干区域的原因。

厨房管理的一个重要内容是食品生产管理，就是说，要有一整套生产程序，包括操作程序、时间表等。同时，要体现出生产标准，即产品标准（质量）、时间标准（效率）

及成本标准（利润）。

二、餐饮企业在制定安全管理制度时的注意事项

第一，要与国家的安全生产法律、法规、规章保持协调一致，应有利于国家安全生产法规的贯彻落实，尤其是《中华人民共和国食品安全法》的相关内容。

第二，要广泛吸收国内外食品安全生产管理的经验，密切结合自身的实际情况，力求使之具有先进性、科学性、可行性。

第三，要全面包含安全生产管理的各个方面，形成体系，不出现死角和漏洞。

第四，管理制度一经制定，就不得随意改动，以保持相对的稳定性。

第五，随着餐饮企业的发展，会不断出现新情况，产生新的变化，要据此及时地修改、补充和完善管理制度。

三、餐饮企业应建立哪些安全管理制度

一般情况下，餐饮企业都应建立、健全以下几类安全管理制度。

（一）综合管理方面

包括职业安全卫生管理体系文件、安全生产岗位责任制、安全技术措施管理、安全教育培训、安全检查、安全奖惩、"三同时"审批、安全检修管理、事故隐患管理与监控、事故管理、安全值班制度、投诉受理制度等。

（二）食品安全方面

包括从业人员食品安全知识培训制度，食品原料采购、索证和记录查验制度，餐饮加工安全管理制度，食品添加剂使用管理制度，初加工管理制度，配餐间安全管理制度，面食制作管理制度，加工操作管理制度，备餐及供餐安全制度，凉菜配制安全制度，生食海产品加工安全制度，食品冷藏安全制度，留样制度，餐饮具清洗、消毒、保洁及设施设备使用、保养制度，烧烤制作管理制度，食物中毒应急预案等。

（三）职业卫生方面

包括职业卫生管理制度，有毒有害物质监测制度，职业病和职业中毒管理制度，从业人员健康管理制度，加工经营场所及设施清洁、消毒管理制度，预防食品中毒制度。

四、制定安全管理制度的步骤

第一，了解餐饮企业的创办宗旨和经营理念。

第二，了解餐饮企业的具体情况和运营状况。

第三，深入餐饮企业各个岗位，调查发现各个岗位的安全隐患。

第四，确定编制安全管理制度的内容。

第五，通过反复论证并与一线员工沟通，精选内容。

第六，撰写安全管理制度。

第七，上报餐饮企业领导，通过后下发给各部门学习、实施。

知识链接

餐饮企业如何预防餐饮安全事故的发生

安全事故将对餐饮企业的经营管理产生重大的影响，严重的还会对企业的生存产生致命的打击。因此，我们必须高度重视企业的安全问题，做好餐饮事故的预防和处理，将安全事故扼杀在摇篮中。这就要求我们积极做好安全事故的预防工作。那么，我们应当如何预防餐饮安全事故的发生呢？

1. 管理层树立科学的安全观

部门管理者要从全局、系统的角度出发，在思想上对餐饮安全工作予以高度重视，本着对国家、对人民生命财产安全负责的态度去思考预防和解决安全问题的方法，并制定应急预案。只有高层管理者认识到安全工作是所有工作的前提，努力贯彻防患于未然的意识，对全体员工进行系统的不间断的安全知识培训和演练，自上而下地推动全体员工高度重视安全工作，最终才能起到群策群力、群防群治的作用。

2. 组建安全工作领导机构，完善安全管理措施

餐饮部经理和行政总厨作为部门安全工作的主要负责人，具体指导前台主管（负责餐饮前台一切安全工作）、厨房各岗位厨师长（负责各自区域的一切安全工作）、管家部主管（负责餐饮公共区域一切安全工作）、仓库主管（负责仓库一切安全工作）等开展安全工作。各区域负责人必须根据各自的工作范围和岗位职责，制定详细的安全制度及操作检查细则，具体包括防火制度、防盗防抢制度、员工劳动保护制度、预防自然灾害制度、食品安全卫生制度等。

3. 制定突发事件应急预案

制定预案的过程其实就是努力研究和避免发生安全问题的过程，因此，要加强和保安部门的合作，制定应对各种紧急和严重安全问题的应急预案。这样，即使出现安全问题，由于有应对措施，便可忙而不乱，从容应对。

4. 加强重点部位的安全防控工作

餐饮部的安全防控工作，对于前台来说主要是加强培训，重点是加强后厨的安全防控。一是明确餐饮部经理、行政总厨对餐饮安全质量负直接责任。二是加强对餐饮企业各厨房餐厅客用食品、员工餐厅员工用食品安全的监督，实行食品卫生实时监控制度。三是重要部位，如后厨入口、仓库入口、收银台等部位，要加装摄像头，进行24小时的安全监控。四是建立餐饮部每日安全检查工作日志，各区域负责人每日必须对所属工作区域进行安全检查，发现问题必须进行协调解

决，不允许带"病"工作。每日工作结束必须填写安全工作日志，呈报部门经理。后厨各餐厅厨师长每天下班前必须对火种、灶具、天然气管道（或是其他能源）、通风设施进行检查，发现异常随时处理。定期请工程部对后厨用电设施、线路进行检查，防止线路老化造成火灾。

5. 严格执行员工安全知识考核制度和身体状况检查制度，不达标者不能上岗

新员工进店必须进行体检，合格后方能上岗；每年要组织员工进行体检，发现问题及时治疗，或调换工作岗位；全体员工必须进行安全知识考核和现场操作且考核必须合格。

6. 会同企业保安部、前厅部，加强客人的贵重物品管理

与企业保安部协调，保证就餐客人车辆的安全，餐饮前台员工可劝说就餐客人将随身携带的贵重物品寄存在前厅部，并加强工作中的安全监控。所有重要部位，必须加装监控探测器。

7. 会同企业安全工作领导机构，进行安全工作检查

定期的安全工作检查能为安全工作造势，让安全工作深入人心；不定期的检查能及时发现问题、解决问题。安全检查还可邀请公众进行监督，将企业的安全工作转化为企业宣传、公关活动，既宣传了企业，又听取了公众意见。

8. 在保安部的指导下进行安全防控演练

会同保安部每季度进行一次安全知识培训(包括消防和预防诈骗活动)和演练；每季度请工程部对部门所有设施、设备、线路等进行一次全面检查，并进行安全操作知识的培训和考核；每半年进行一次消防演习（包括报警、灭火和人员疏散），并对发现的问题进行评估和整改；每年度举行企业综合性消防演习。

9. 对病虫害重在预防，根在治理

厨房、仓库、洗涤消毒间等要定期进行防虫、防鼠处理，对物品的存放和保管、垃圾的存放和清运、杂物的存放和使用等都要进行综合考虑，合理布局。

10. 重视建筑设计安全，防患于未然

餐厅、后厨在设计之初，一定要本着以人为本的思想，既考虑员工操作使用上的方便，又要考虑人员的安全。最好请有经验的企业管理公司参与设计，避免建成后再修改、完善。

11. 强化全体员工的安全意识

随着科技的发展，人们对安全知识的认识也在不断提高。因此，餐饮部各级管理人员和员工要加强安全知识学习，与时俱进，努力营造一个安全的、环保的、健康的、服务质量高的餐饮环境。

编制安全管理制度的目的是避免事故的发生，使生产能够在一个安全的环境中持续平稳地运行，确保经营活动正常进行。

请以小组为单位，调研学校操作实训室相关厨房安全管理制度，并根据本任务所学内容，一起研讨实训室的厨房安全管理制度的建设情况，给学校烹饪专业实训室安全管理制度提提意见。

任务收获

请同学们根据学校或班级的具体情况制定一份班级的安全管理制度。

项目实践

请调查当地星级酒店厨房运作的情况，收集它们关于安全管理的规章制度，并结合学校实训室情况，尝试拟定一份热菜实训室的厨房安全管理制度。

项目评价

请根据你对本项目的学习情况，完成表5-1。

表5-1　任务完成情况汇总表

任务完成情况	任务一	任务二	任务三	任务四	任务五	任务六
圆满完成						
部分完成						
未完成						